复合面条干燥技术

任广跃　黄略略　尤晓颜　著

FUHE MIANTIAO
GANZAO JISHU

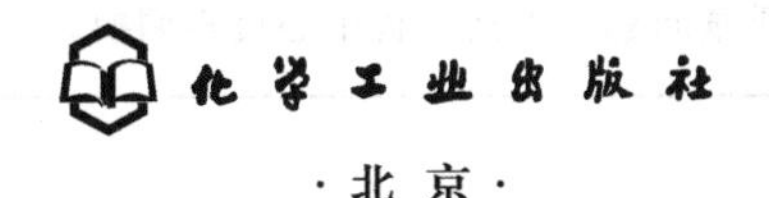

·北京·

内 容 简 介

干制复合面条是以谷物或豆类的粉为主，以薯粉、果蔬粉、功能粉等为辅，经和面、压片、切条、干燥等工序而成型，因其原料面粉中配以不同物性参数的配料，致使其鲜湿面条的质热传递特性发生了改变，传统干制工艺已不能满足市场对复合面条特性的需求。本书分别选取了马铃薯-小麦复合面条、马铃薯-燕麦复合面条、红薯叶-小麦复合面条，对其复合面条的成型机制及干燥特性进行论述，并通过热风-热泵联合干燥技术来处理鲜湿复合面条，与传统干燥技术相比时间缩短约 1/3，能耗节约近 1/4，达到低碳保质之效果。研究结果以期为马铃薯、甘薯等薯类进行主粮化转变提供技术支撑，同时也为我国主食产品的膳食结构向多样化、个性化发展提供发展思路。

本书适宜从事食品行业的技术人员参考。

图书在版编目（CIP）数据

复合面条干燥技术/任广跃，黄略略，尤晓颜著. —北京：化学工业出版社，2022.2（2023.4重印）
ISBN 978-7-122-40391-9

Ⅰ.①复… Ⅱ.①任… ②黄… ③尤… Ⅲ.①面条-干燥 Ⅳ.①TS213.24

中国版本图书馆 CIP 数据核字（2021）第 248570 号

责任编辑：邢 涛
责任校对：宋 玮　　装帧设计：韩 飞

出版发行：化学工业出版社（北京市东城区青年湖南街 13 号 邮政编码 100011）
印 装：北京盛通商印快线网络科技有限公司
710mm×1000mm 1/16 印张 13 字数 206 千字
2023 年 4 月北京第 1 版第 2 次印刷

购书咨询：010-64518888　　售后服务：010-64518899
网 址：http://www.cip.com.cn
凡购买本书，如有缺损质量问题，本社销售中心负责调换。

定 价：98.00 元

前言

PREFACE

面条起源于中国，已有四千多年的制作食用历史，在中华饮食文化中处于重要的地位。面条是一种制作简单，食用方便，营养丰富，既可作为主食又可作为快餐的健康保健食品，面条花样繁多，品种多样，地方特色极其丰富，上品面条几乎都是温和而筋道的，将面食的风味发展到极致。如兰州牛肉面、武汉热干面、北京炸酱面、山西刀削面、四川担担面、河南烩面等，又如庆祝生日时吃的长寿面以及国外的香浓的意大利面等，早已为世界人民所接受与喜爱。

复合面条是一种以谷物或豆类的粉为主，以薯粉、果蔬粉、功能粉等为辅，加水和成面团，之后或压或擀或抻成片，再经或切或压或使用搓、拉、捏等手段，制成条状（或窄或宽，或扁或圆）或小片状，最后经煮、炒、烩、炸而成的一种食品。

干燥是延长鲜湿面条货架期的有效手段。挂面即是典型的干燥面条制品，现多采用单行移行式烘房干燥，其特点是低温、高湿、慢速、长时分段干燥，面条从悬挂上架到烘干下架，要移行 400m 左右，干燥时间长达 8h 左右，挂面质量好。在单行移行式烘房中，根据温湿度变化，挂面干燥可分为冷风定条、保潮发汗、升温降湿和降温散热 4 个阶段。复合面条因其原料面粉中配以了薯粉、果蔬粉等不同物性参数的物料，致使其鲜湿面条的质热传递特性发生了改变，传统热风干燥技术及工艺不能满足消费市场对复合面条营养、色泽、口感等特性的需求。通过热风-热泵联合干燥技术来处理鲜湿复合面条，与传统干燥技术相比时间缩短近 1/3，能耗降低近 1/4，达到低碳保质之效果。

本书共分 3 篇 17 章，分别从马铃薯-小麦复合面条、马铃薯-燕麦复合面条、红薯叶-小麦复合面条成型及干燥，对复合面条的成型机制及干燥特性进行详细论述。本书得到了河南科技大学学术著作出版基金的资助，河南科技大学粮食/农特产品干燥技术与装备团队李叶贝、屈展平及张迎敏参与了相关章节的撰写工作，在此予以感谢。同时，在本书在撰写过程中，也广泛地咨询和请教了国内食品干燥领域、面制品加工领域知名专家，在此一并致以谢意。

本书可为食品加工研究人员和技术人员参考用书，也可供高等院校食品科学与工程及相关专业学生学习参考。

由于作者水平有限，书中还难免有不妥之处，恳请同行专家及读者提出宝贵意见。

任广跃

2021年5月完稿于古都洛阳

目 录

CONTENTS

第一篇 马铃薯-小麦复合面条成型及其干燥特性

第 1 章 马铃薯-小麦复合面条概述 …… 2

1.1 马铃薯及小麦 …… 2

1.2 干燥技术简介 …… 5

第 2 章 马铃薯全粉添加量对复合面条品质的影响 …… 7

2.1 概述 …… 7

2.2 材料与设备 …… 8

2.2.1 材料与试剂 …… 8

2.2.2 仪器与设备 …… 8

2.3 试验方法 …… 8

2.3.1 马铃薯全粉的制备 …… 8

2.3.2 面条制作工艺 …… 8

2.3.3 试验设计 …… 9

2.3.4 煮制特性的测定 …… 9

2.3.5 质地剖面分析 …… 9

2.3.6 微观结构测定 …… 10

2.3.7 水分的测定 …… 10
2.3.8 基于模糊数学综合评价法的感官评定 …… 10
2.3.9 数据处理 …… 10
2.4 结果与分析 …… 11
2.4.1 马铃薯全粉添加量对复合面条煮制特性的影响 …… 11
2.4.2 马铃薯全粉添加量对复合面条的 TPA 的影响 …… 11
2.4.3 马铃薯全粉添加量对复合面条微观结构的影响 …… 12
2.4.4 马铃薯全粉添加量对复合面条水分分布的影响 …… 14
2.4.5 模糊数学法评价不同含量马铃薯全粉复合面条 …… 15
2.5 本章小结 …… 17
第 3 章 不同粒度马铃薯全粉对复合面条品质的影响 …… 18
3.1 概述 …… 18
3.2 材料与设备 …… 19
3.2.1 材料与试剂 …… 19
3.2.2 仪器与设备 …… 19
3.3 试验方法 …… 19
3.3.1 试验设计 …… 19
3.3.2 煮制特性的测定 …… 19
3.3.3 TPA 的测定 …… 19
3.3.4 自由水和结合水的测定 …… 20
3.3.5 微观结构的测定 …… 20
3.3.6 干基含水率及干燥速率的测定 …… 20
3.3.7 有效水分扩散系数测定 …… 20
3.3.8 数据处理 …… 21
3.4 结果与分析 …… 21
3.4.1 不同粒度马铃薯全粉对复合面条煮制特性的影响 …… 21
3.4.2 不同粒度马铃薯全粉对复合面条 TPA 的影响 …… 22
3.4.3 不同粒度马铃薯全粉复合面条的孔隙率 …… 23
3.4.4 自由水和结合水含量 …… 25
3.4.5 不同粒度马铃薯全粉对面条干燥特性的影响 …… 25
3.5 本章小结 …… 27

第 4 章　基于变异系数法对不同干燥方法马铃薯全粉复合面条品质的评价 …… 28
4.1　概述 …… 28
4.2　材料与设备 …… 29
4.2.1　材料与试剂 …… 29
4.2.2　仪器与设备 …… 29
4.3　试验方法 …… 29
4.3.1　试验设计 …… 29
4.3.2　干基含水率及干燥速率的测定 …… 30
4.3.3　煮制特性的测定 …… 30
4.3.4　白度的测定 …… 30
4.3.5　TPA 的测定 …… 30
4.3.6　剪切力的测定 …… 30
4.3.7　微观结构测定 …… 30
4.3.8　干燥能耗的测定 …… 30
4.3.9　吸湿性的测定 …… 30
4.3.10　变异系数法 …… 31
4.3.11　数据处理 …… 31
4.4　结果与分析 …… 31
4.4.1　干燥方式对复合面条干燥特性的影响 …… 31
4.4.2　干燥方式对复合面条煮制特性的影响 …… 32
4.4.3　干燥方式对复合面条白度的影响 …… 33
4.4.4　干燥方式对复合面条 TPA 的影响 …… 34
4.4.5　干燥方式对复合面条剪切的影响 …… 34
4.4.6　干燥方式对复合面条微观结构的影响 …… 35
4.4.7　干燥方式对复合面条干燥能耗的影响 …… 36
4.4.8　干燥方式对复合面条吸湿性的影响 …… 36
4.4.9　不同干燥方式下复合面条品质的综合评分 …… 37
4.5　本章小结 …… 39
第 5 章　马铃薯小麦复合面条热泵干燥特性及数学模型的研究 …… 40
5.1　概述 …… 40

5.2　材料与设备 …… 40
5.2.1　材料与试剂 …… 40
5.2.2　仪器与设备 …… 40
5.3　试验方法 …… 41
5.3.1　试验设计 …… 41
5.3.2　干基含水率及干燥速率的测定 …… 41
5.3.3　有效水分扩散系数测定 …… 41
5.3.4　活化能的测定 …… 41
5.3.5　薄层干燥模型的选择 …… 42
5.4　结果与分析 …… 42
5.4.1　不同温度对马铃薯小麦复合面条热泵干燥特性的影响 …… 42
5.4.2　不同风速对马铃薯小麦复合面条热泵干燥特性的影响 …… 43
5.4.3　干燥模型的选择 …… 44
5.4.4　Midilli 模型的求解与验证 …… 47
5.4.5　干燥模型的验证 …… 48
5.4.6　有效水分扩散系数和活化能的确定 …… 48
5.5　本章小结 …… 49
本篇参考文献 …… 50

第二篇 马铃薯-燕麦复合面条成型及其干燥特性

第6章　马铃薯-燕麦复合面条概述 …… 56
6.1　马铃薯及燕麦 …… 56
6.2　干燥技术简介 …… 58
第7章　马铃薯淀粉-小麦蛋白共混体系的相互作用 …… 60
7.1　概述 …… 60
7.2　材料与设备 …… 61
7.2.1　材料与试剂 …… 61

7.2.2 仪器与设备 …… 61
7.3 试验方法 …… 61
7.3.1 马铃薯淀粉的提取 …… 61
7.3.2 小麦蛋白的提取 …… 62
7.3.3 热力学特性的测定 …… 62
7.3.4 黏度特性的测定 …… 62
7.3.5 扫描电镜的测定 …… 62
7.3.6 数据处理 …… 62
7.4 结果与分析 …… 63
7.4.1 马铃薯淀粉-小麦蛋白共混体系热力学作用分析 …… 63
7.4.2 马铃薯淀粉-小麦蛋白共混体系黏度特性分析 …… 63
7.4.3 马铃薯淀粉-小麦蛋白共混体系微观结构特性 …… 65
7.5 本章小结 …… 66

第 8 章 燕麦添加对马铃薯复合面条品质特性的影响 …… 67

8.1 概述 …… 67
8.2 材料与设备 …… 67
8.2.1 材料与试剂 …… 67
8.2.2 仪器与设备 …… 68
8.3 试验方法 …… 68
8.3.1 面条配方试验设计 …… 68
8.3.2 面条生产工艺流程 …… 68
8.3.3 面条生产工艺要点 …… 68
8.3.4 质构特性测定 …… 69
8.3.5 微观结构的测定 …… 69
8.3.6 干燥特性的测定 …… 69
8.3.7 感官特性的测定 …… 70
8.3.8 数据处理 …… 71
8.4 结果与分析 …… 71
8.4.1 燕麦粉添加量对复合面条质构特性的影响 …… 71
8.4.2 燕麦添加量对复合面条结构特性的影响 …… 73
8.4.3 燕麦粉添加量对复合面条干燥特性的影响 …… 75
8.4.4 燕麦粉添加量对复合面条感官品质的影响 …… 76

8.5　本章小结 …………………………………………………………………… 78

第9章　马铃薯-燕麦复合面条性质表征 ………………………………………… 79

9.1　概述 …………………………………………………………………………… 79
9.2　材料与设备 ………………………………………………………………… 79
9.2.1　材料与试剂 ……………………………………………………………… 79
9.2.2　仪器与设备 ……………………………………………………………… 80
9.3　试验方法 ……………………………………………………………………… 80
9.3.1　试验设计 ………………………………………………………………… 80
9.3.2　晶体结构分析 …………………………………………………………… 80
9.3.3　红外光谱分析 …………………………………………………………… 80
9.3.4　TPA质构特性的测定 …………………………………………………… 80
9.3.5　蒸煮特性测定 …………………………………………………………… 81
9.3.6　氨基酸分析 ……………………………………………………………… 81
9.3.7　数据处理 ………………………………………………………………… 81
9.4　结果与分析 …………………………………………………………………… 81
9.4.1　马铃薯燕麦复合面条淀粉晶型结构分析 ……………………………… 81
9.4.2　马铃薯燕麦复合面条红外光谱分析 …………………………………… 82
9.4.3　马铃薯燕麦复合面条TPA质构特性分析 ……………………………… 83
9.4.4　马铃薯燕麦复合面条煮制特性分析 …………………………………… 84
9.4.5　马铃薯燕麦复合面条氨基酸分析 ……………………………………… 85
9.5　本章小结 ……………………………………………………………………… 85

第10章　基于响应面法优化马铃薯燕麦复合面条热泵-热风联合干燥工艺 …… 86

10.1　概述 ………………………………………………………………………… 86
10.2　材料与设备 ………………………………………………………………… 87
10.2.1　材料与试剂 …………………………………………………………… 87
10.2.2　仪器与设备 …………………………………………………………… 87
10.3　试验方法 …………………………………………………………………… 87
10.3.1　复合面条生产工艺要点 ……………………………………………… 87
10.3.2　热泵-热风联合干燥单因素试验 ……………………………………… 87
10.3.3　响应面优化试验 ……………………………………………………… 88

10.4 指标测定 …… 88
10.4.1 有效水分扩散系数的测定 …… 88
10.4.2 干燥能耗的测定 …… 88
10.4.3 煮制损失率测定 …… 88
10.4.4 感官特性测定 …… 89
10.4.5 综合评分的测定 …… 89
10.5 结果与分析 …… 89
10.5.1 不同热泵温度对复合面条联合干燥特性的影响 …… 89
10.5.2 不同转换点含水率对复合面条联合干燥特性的影响 …… 90
10.5.3 不同热风温度对复合面条联合干燥特性的影响 …… 91
10.5.4 响应面优化试验结果与分析 …… 92
10.5.5 响应分析及结果优化 …… 93
10.5.6 响应面优化结果的验证 …… 93
10.6 本章小结 …… 95

第11章 马铃薯燕麦复合面条热泵-热风联合干燥水分迁移规律分析 …… 96

11.1 概述 …… 96
11.2 材料与设备 …… 97
11.2.1 材料与试剂 …… 97
11.2.2 仪器与设备 …… 97
11.3 试验方法 …… 97
11.3.1 试验设计 …… 97
11.3.2 干基含水率的测定 …… 97
11.3.3 干燥速率的测定 …… 97
11.3.4 有效水分扩散系数测定 …… 98
11.3.5 干燥曲线的数学表征 …… 98
11.3.6 水分分布的测定 …… 99
11.3.7 微观结构的测定 …… 99
11.3.8 数据处理与分析 …… 99
11.4 结果与分析 …… 99
11.4.1 热泵温度对复合面条联合干燥的影响 …… 99
11.4.2 转换点水分含量对复合面条联合干燥的影响 …… 100
11.4.3 热风温度对复合面条联合干燥的影响 …… 101

11.4.4　复合面条干燥模型的拟合 …… 102
11.4.5　复合面条干燥模型的验证 …… 102
11.4.6　不同干燥条件下复合面条的有效水分扩散系数 …… 103
11.4.7　复合面条热泵-热风联合干燥过程中的水分状态变化 …… 103
11.4.8　复合面条联合干燥过程中各相态水的变化规律 …… 105
11.4.9　复合面条干燥过程中核磁成像 …… 106
11.4.10　复合面条联合干燥过程中微观结构变化 …… 107
11.5　本章小结 …… 108
本篇参考文献 …… 108

第三篇
红薯叶-小麦复合面条成型及其干燥特性

第 12 章　红薯叶-小麦复合面条概述 …… 115
12.1　红薯叶概述 …… 115
12.2　复合面条概述 …… 116
12.3　复合面条干燥技术 …… 117

第 13 章　预处理对红薯叶干燥特性的影响 …… 119
13.1　概述 …… 119
13.2　材料与设备 …… 119
13.2.1　材料与试剂 …… 119
13.2.2　仪器与设备 …… 120
13.3　试验方法 …… 120
13.3.1　烫漂工艺要点 …… 120
13.3.2　超声预处理工艺要点 …… 121
13.3.3　色泽的测定 …… 121
13.3.4　叶绿素的测定 …… 121
13.3.5　复水率的测定 …… 122
13.3.6　干基含水率测定 …… 122

13.3.7 微观结构测定 …… 122
13.3.8 能耗测定 …… 122
13.3.9 数据处理 …… 123
13.4 结果与分析 …… 123
13.4.1 烫漂工艺对红薯叶干燥的影响 …… 123
13.4.2 超声预处理工艺对红薯叶干燥的影响 …… 127
13.4.3 红薯叶微观结构分析 …… 130
13.4.4 能耗分析 …… 130
13.5 本章小结 …… 131

第 14 章 红薯叶联合干燥制粉的品质分析 …… 132

14.1 概述 …… 132
14.2 材料与设备 …… 133
14.2.1 材料与试剂 …… 133
14.2.2 仪器与设备 …… 133
14.3 试验方法 …… 133
14.3.1 红薯叶制粉工艺要点 …… 133
14.3.2 联合干燥单因素试验 …… 133
14.3.3 响应面优化试验 …… 134
14.4 指标测定 …… 134
14.4.1 红薯叶粉水分的测定 …… 134
14.4.2 红薯叶粉单位能耗的测定 …… 135
14.4.3 红薯叶粉叶绿素的测定 …… 135
14.4.4 红薯叶粉色差的测定 …… 135
14.4.5 红薯叶粉吸湿性的测定 …… 135
14.4.6 综合评分的测定 …… 135
14.4.7 数据处理 …… 136
14.5 结果与分析 …… 136
14.5.1 热泵干燥温度对红薯叶粉品质的影响 …… 136
14.5.2 热风干燥温度对红薯叶粉品质的影响 …… 137
14.5.3 转换点含水率对红薯叶粉品质的影响 …… 140
14.5.4 响应面试验优化结果与分析 …… 141
14.5.5 工艺参数优化与验证 …… 145

14.6 本章小结 …… 145

第 15 章 红薯叶粉添加量对红薯叶复合面条特性的影响 …… 147

15.1 概述 …… 147
15.2 材料与设备 …… 148
15.2.1 材料与试剂 …… 148
15.2.2 仪器与设备 …… 148
15.3 试验方法 …… 148
15.3.1 红薯叶复合面条制作工艺 …… 148
15.3.2 干燥特性的测定 …… 149
15.3.3 最佳煮制时间的测定 …… 149
15.3.4 熟断条率的测定 …… 150
15.3.5 煮制损失率测定 …… 150
15.3.6 质构特性的测定 …… 150
15.3.7 感官特性标准 …… 151
15.3.8 面条色泽测定 …… 151
15.3.9 微观结构 …… 151
15.3.10 数据处理 …… 151
15.4 结果与分析 …… 152
15.4.1 红薯叶粉添加量对红薯叶复合面条干燥特性的影响 …… 152
15.4.2 红薯叶粉添加量对红薯叶复合面条质构特性的影响 …… 153
15.4.3 红薯叶复合面条煮制特性的影响 …… 155
15.4.4 红薯叶粉添加量对红薯叶复合面条感官特性的影响 …… 156
15.4.5 红薯叶粉添加量对红薯叶复合面条色泽的影响 …… 157
15.4.6 红薯叶粉添加量对红薯叶复合面条微观结构的影响 …… 158
15.5 本章小结 …… 160

第 16 章 红薯叶复合面条热泵-热风联合干燥特性及水分迁移分析 …… 161

16.1 概述 …… 161
16.2 材料与设备 …… 161
16.2.1 材料与试剂 …… 161
16.2.2 仪器与设备 …… 162
16.3 试验方法 …… 162

16.3.1 红薯叶复合面条工艺要点 …… 162
16.3.2 单因素试验设定 …… 162
16.3.3 响应面优化试验 …… 163
16.4 指标测定 …… 163
16.4.1 红薯叶复合面条单位能耗的测定 …… 163
16.4.2 红薯叶复合面条干基含水率的测定 …… 163
16.4.3 红薯叶复合面条有效水分扩散系数的测定 …… 163
16.4.4 红薯叶复合面条煮制吸水率的测定 …… 164
16.4.5 红薯叶复合面条煮制损失率的测定 …… 165
16.4.6 综合评分的测定 …… 165
16.4.7 红薯叶复合面条干燥模型的选择 …… 165
16.4.8 红薯叶复合面条水分分布的测定 …… 166
16.4.9 数据处理 …… 166
16.5 结果与分析 …… 166
16.5.1 热泵干燥温度对红薯叶复合面条品质的影响 …… 166
16.5.2 转换点含水率对红薯叶复合面条品质的影响 …… 167
16.5.3 热风干燥温度对红薯叶复合面条品质的影响 …… 168
16.5.4 响应面优化设计与分析 …… 169
16.5.5 响应面优化与验证 …… 171
16.5.6 干燥模型的选择及验证 …… 172
16.5.7 红薯叶复合面条的水分分布 …… 173
16.6 本章小结 …… 175

第 17 章 红薯叶复合面条营养特性的分析 …… 176

17.1 概述 …… 176
17.2 材料与设备 …… 176
17.2.1 材料与试剂 …… 176
17.2.2 仪器与设备 …… 177
17.3 试验方法 …… 177
17.3.1 红薯叶面条工艺要点 …… 177
17.3.2 糊化特性的测定 …… 177
17.3.3 质构特性的测定 …… 177
17.3.4 微观结构的测定 …… 177

17.3.5 叶绿素的测定 …… 178
17.3.6 黄酮的测定 …… 178
17.3.7 总酚的测定 …… 178
17.3.8 DPPH 自由基清除能力测定 …… 179
17.3.9 总抗氧化能力测定 …… 179
17.3.10 数据的处理 …… 180
17.4 结果与分析 …… 180
17.4.1 红薯叶复合面条黏度特性分析 …… 180
17.4.2 红薯叶复合面条质构特性分析 …… 181
17.4.3 红薯叶复合面条的微观结构分析 …… 182
17.4.4 红薯叶复合面条营养特性分析 …… 182
17.4.5 红薯叶复合面条总抗氧化的测定 …… 183
17.5 本章小结 …… 185
本篇参考文献 …… 185

第一篇

马铃薯-小麦复合面条成型及其干燥特性

第1章

马铃薯-小麦复合面条概述

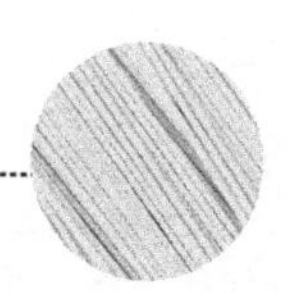

1.1 马铃薯及小麦

2015年，中国启动马铃薯主粮化战略，马铃薯成为我国四大主粮之一。我国将进一步扩大马铃薯的种植面积，同时保持三大主粮的种植面积不会有所降低，到21世纪中叶，有一半的薯类将作为主粮被人们食用。目前我国主粮产量年年增长，储存充足，供求较为平衡，但是要维持这种平衡并非易事，加之耕地面积不足，三大主粮产量增长空间不大，在这种背景下，马铃薯主粮化战略的提出，可谓是为我国农业发展“锦上添花”。

推进马铃薯主粮化，有较多的优势。

一是保障国家粮食安全。粮食安全是国家政治经济的保证。一方面，从2004年开始，我国粮食产量大幅度地增长，到2014年，我国三大主粮的产量已经达到6亿吨，人均粮食消费水平呈现逐年升高的趋势，但是近年来，粮食不单单只用于人民的温饱，工业对粮食的需求也日益提高，加之人们对于其他食品例如肉、蛋、奶的消费增长，粮食也被用于饲食，因此粮食的增长速率要远远低于人们消费的速度，且呈现供不应求的趋势；另一方面，我国工业化和城镇化的脚步日益加快，整体耕地面积有所下降，三大主粮产量较为固定，想要提高较为困难。所以增加主粮的品种，提高产量是目前较为行之有效的方法，将马铃薯种植在空闲的土地上，提高其产量，能够有效缓解我国粮食供给不足问题，保障国家粮食安全。

二是转变农业发展方式，缓解生态资源压力。过去，生产能力低下，为了提高粮食的产量，过度利用开发资源，但是这种粗放的方式已经难以为继，需要找到一种新的发展方式来提高粮食产量。马铃薯种植条件比较宽泛，易成活，即使干旱贫瘠的土地也能够正常生长。马铃薯生长需水量较低，所以在西北这些干旱半干旱的地区和华北地下水超采区，马铃薯也可以正常地出苗发育，同时对于治理水土流失还有一定的积极作用，能够缓解生态环境压力。而且马铃薯生长周期短，储存时间长，产量有较大提升空间，可作为农业结构调整主要替代物。

三是改善膳食结构，提高营养水平。我国民间流行一种“不把土豆当主粮”的说法，他们误认为马铃薯吃多了会长胖，其实这是一种思想误区，没有科学的依据。现代科学认为，马铃薯营养丰富，含有蔬菜、水果、粮食中的绝大多数营养物质，其中胡萝卜素是其他三大主粮中不含的维生素，在加工过程中，与其他三大主粮相比，马铃薯的营养成分流失率较低。同时，马铃薯营养构成较为合理，含有膳食纤维，长期食用有助于达到减肥的目的，并具有预防高血压、糖尿病和消化系统等疾病的作用。因此，马铃薯主粮化能够让百姓的饮食从“吃的饱”向“吃的健康”进行转变，其对于改善我国国民的膳食营养结构，提高国民的营养健康水平具有非常重大的意义。

我国出产的绝大部分马铃薯无需深加工，经过简单的处理就可直接食用，工业化的马铃薯产品不多，水平不高。目前发达国家马铃薯工业化程度达到了60%～70%，有些国家甚至达到了80%，我国马铃薯工业化程度只有不到8%，国外的马铃薯食品及其他衍生种类多达2000多种，我国的马铃薯产品仅仅有十余种，我国马铃薯产业具有较大的发展空间，需要不断地提升工业加工技术，使马铃薯产品多样化，满足人们多元化的需求。

马铃薯由于其产量高、适应性强、水分需求量不高，迅速在我国得到广泛的种植，尤其使西部贫瘠地区的土地也得到了充分的利用。马铃薯作为一种蔬粮兼并的食物，其营养成分构成合理，淀粉含量高，蛋白质较好，且膳食纤维含量丰富，在国外有“十全十美”“地下苹果”之称。

淀粉：新鲜马铃薯中淀粉含量约占20%，马铃薯全粉中淀粉含量达到了80%以上，是马铃薯中含量最多的物质，相比小麦、水稻可以提供更多的能量。马铃薯中的淀粉分为直链淀粉和支链淀粉两种，其中支链淀粉为主要淀粉，是直链淀粉的4倍，更易被人体消化吸收。有研究表明：不同品种马铃薯淀粉颗粒的微观结构有所差异，且均为多晶体系，并以B型结构存在，但是结晶度不同。

蛋白质：马铃薯蛋白质构成较好，比大豆蛋白更优，堪比鸡蛋蛋白，氨基酸种类齐全，除了含有人体必需的氨基酸，同时还有赖氨酸、色氨酸，这两种氨基酸是人体不能合成且小麦、水稻中缺失的氨基酸，所以马铃薯蛋白质在人体中利用率较高，加入食品中，可改善食品的口感、膨松度等。

维生素和矿物质：在国际食品研讨会上，专家们一致认为马铃薯是绝好的主粮，其中含有多种维生素，维生素 A、维生素 C、维生素 B_1、维生素 B_2、维生素 B_3、维生素 B_5、维生素 B_6 等。其中维生素 A 的含量是小麦、水稻无法相比的，维生素 C 的含量为黄瓜、番茄的 2～3 倍，芹菜、生菜的 4 倍，比一般的蔬菜水果中的含量都要高，且马铃薯中的维生素 C 较为稳定，不易被破坏。马铃薯还可提供叶酸。一般主粮中都不含或含有极少维生素，马铃薯作为主粮可弥补这一缺失。矿物质对人体的健康有着非常积极的作用，马铃薯中含有钙、铁、锌、硒、磷等元素，其中钾的含量非常高，约为 502mg/100g，接近小麦含量的 3 倍，是少见的高钾性粮食；镁、铁、锌含量也分别约为小麦含量的 4 倍、2 倍和 1.5 倍。

膳食纤维：马铃薯中除了上述营养物质之外，还含有大量的优质膳食纤维，马铃薯纤维素对于人体肠道有着非常良好的作用，不仅能够给肠道提供营养物质，供有益微生物群生长，而且还能够促进肠道的消化吸收，起到预防便秘和降血压、降血脂等作用。研究表明：马铃薯膳食纤维的含量与苹果相当，增加胃内食物体积，产生饱腹感，对减肥有一定的效果。

小麦作为世界上主要的农作物，也是我国的主粮之一，其种植范围广，产量高，对我国国民经济的影响与日俱增。小麦主要是由三部分构成的：皮层、胚芽和胚乳，且各个部分的营养存在一定的差异。

皮层约占小麦颗粒的 17%，包括外皮层和糊粉层，外皮层也就是人们常说的麸皮，膳食纤维含量较丰富，国外已经研制出了可食性麸皮，作为一类食品改良剂，添加到面包、饼干等其他面类食品中，同时麸皮还可作为药用膳食纤维的原料，起到改善便秘、降低胆固醇、预防结肠癌等作用。糊粉层包含了麦麸的绝大多数营养，是小麦中的首要活性物质来源。其中维生素以 B 族居多，蛋白质含量高达 21%，富含面粉中的第一限制氨基酸——赖氨酸，矿物质主要有镁、铁、锌、钙、硒等，糊粉层是高钾无钠性食品，适宜心血管疾病人群食用。

胚芽约占小麦颗粒的 2.5%，是整个小麦颗粒中营养价值最高的部位。其中蛋白质含量高达 31%，是一种完全蛋白质，可与鸡蛋蛋白，乳蛋白相媲美，包含人体必需的 8 种氨基酸，构成比例良好，赖氨酸的含量更是占到了全部氨基酸的一半以上，是面粉和大米的 6～7 倍。脂肪含量约为 13%，绝大多数为多不饱和脂肪酸，亚油酸的含量占到了一半以上。胚芽中含有多种维生素，其中维生素 E 的含量最高。由于维生素 E 的大量存在，也使胚芽具有更高的价值。此外胚芽中还含有丰富的 B 族维生素。胚芽中的矿物质和微量元素的构成也比较全面，其中微量元素硒含量较高，这些物质对于儿童的生长发育能够起到积极的作用。同时胚芽中还含有膳食纤维、谷胱甘肽等一些其他的营养物质。

胚乳约占小麦颗粒的 80%，是整个小麦储存能量的部位，由淀粉和蛋白质组成，日常所食用的面粉大部分由胚乳所提供，为以面食为主的人们提供日常所需的能量。胚乳中主要是由 C、H、O 等元素构成，其他成分较少。维生素、矿物质等营养物质含量也不多。

1.2　干燥技术简介

热泵干燥　是利用压缩机、冷凝器、膨胀阀和蒸发器 4 个装置构成 1 个循环系统对物料进行干燥，是一种高效、节能、环保的新型干燥技术（图 1-1）。其原理是冷空气在蒸发器中吸收热量形成高温热空气用于干燥物料，干燥之后的空气会进一步循环利用，从而达到节能的效果。虽然热泵干燥属于环境友好型的干燥装置，但是热泵干燥也存在一定的缺点，例如，热泵设备复杂，初期成本投入较大，且需定期维护，干燥至中后期，速率较慢等。

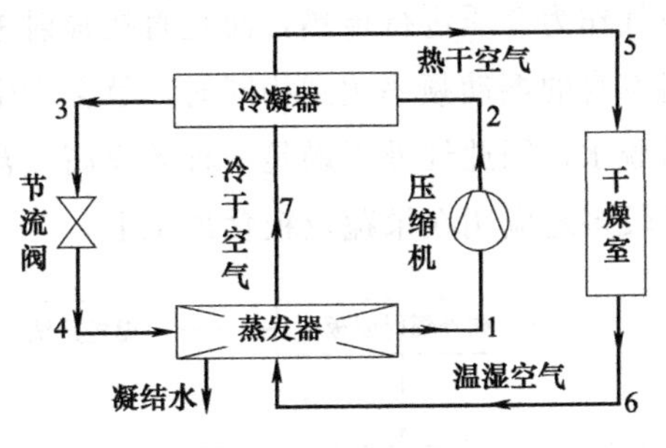

图 1-1　热泵干燥原理图

热风干燥　是以热空气为干燥介质的一种干燥方法，热空气通过对流循环的方式对物质进行干燥，把热量传递给物料，同时带走物料的水分，是农产品干燥的常用方法之一（图 1-2）。与其他干燥方法比较，热风干燥的优势在于成本低、温度高、速度快，但缺点是干燥品质不佳。目前热风干燥普遍用于果蔬、粮食等领域。

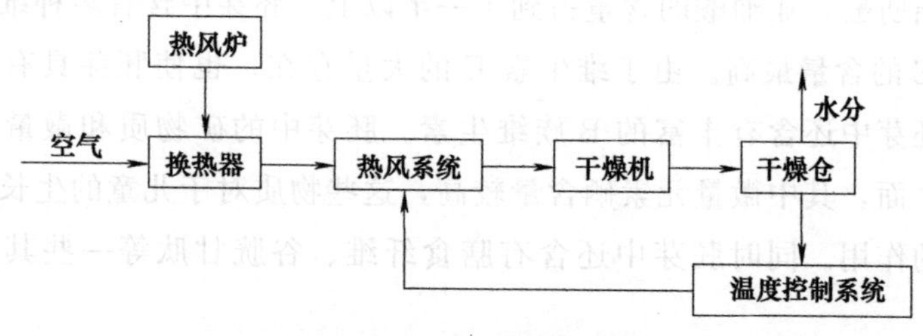

图 1-2 热风干燥原理图

冷风干燥 是一种在低温、低湿、高风速的条件下进行快速脱水处理的干燥方式，对于热敏性物料的干燥有着较好的效果（图 1-3）。相较于热风干燥，冷风干燥能够提高物料有效成分保留率，并且不易产生褐变，能够更好地保证物料的质量，因此近年来被广泛应用于食品加工行业。

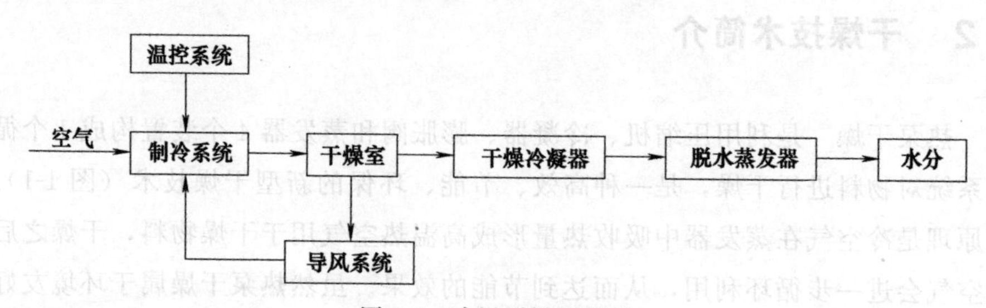

图 1-3 冷风干燥原理图

红外干燥 是利用红外线辐射物料进行干燥的一种方法（图 1-4）。红外干燥辐射不需要热空气作为介质进行传热，而是直接辐射进物料内部，当辐射波的振动频率与物料本身的振动频率达到相同时，就会产生共振的效果，同时转化为热量，使物料脱水，因此红外干燥是一种效率高，营养物质损失较小的干燥方法。红外干燥较多地应用在果蔬及粮食加工上。

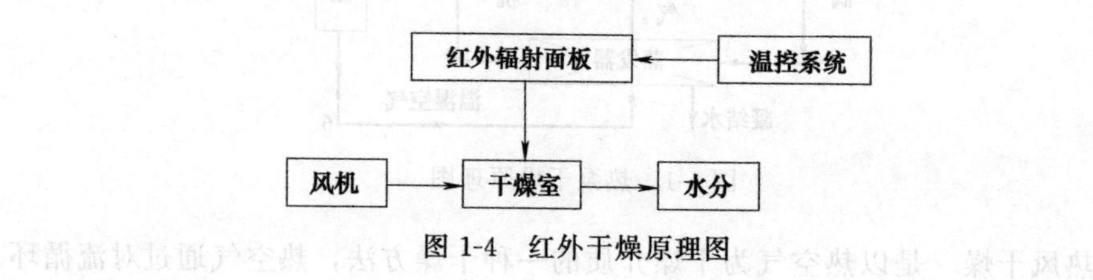

图 1-4 红外干燥原理图

第2章

马铃薯全粉添加量对复合面条品质的影响

2.1 概述

面条是中国传统食物，主要是由小麦粉构成，近年来，小麦粉被精加工的程度越来越高，流失了较多营养物质，导致面条的营养不均，使面条营养合理化成为了如今亟待解决的问题。把马铃薯全粉添加到小麦粉中制作复合面条，可以弥补小麦粉中氨基酸的缺失，对于复合面条营养价值的提高有一定的效果，同时又为马铃薯的工业化提供一条途径。

目前，已有将马铃薯添加到小麦粉制取面条的研究。Z Lsm 等采用快速黏度分析法研究了不同磷含量的小麦粉和马铃薯淀粉的混合物的糊化性能。结果表明：随着混合物中的马铃薯淀粉的增加，峰值黏度、最终黏度、后退黏度和峰值时间均高于小麦粉。F Xu 等研究了小麦、花生和大豆蛋白质对马铃薯面条食用品质的影响，发现 3 种蛋白质类型都降低了马铃薯面条的亮度，提高了马铃薯面条的食用品质，小麦蛋白质对面条质量有最显著的改善，其次是大豆蛋白质。Yadav 等将甘薯粉、荸荠粉与小麦粉混合制成面条。研究结果表明，只要甘薯粉、荸荠粉与小麦粉的混合比例合适，就可以获得具有良好特性的面条。Silva 等研究了花椰菜-甘薯复合面条的流变性和结构，他们发现花椰菜的添加量对复合面条的结构以及淀粉的膨胀均有影响。YJ Ma 等以 3 种普通面粉和 2 种荞麦面粉为研究对象，分别研究了其烹饪、结构、感官、抗氧化性能以及多酚物质的组成，研究表明：普通面条具有更大的张力、更低的黏附性和更好的感官特性，然而荞麦面条却是膳食多酚的良好来源，同时荞麦面条也表现出较高的抗氧化能力。

本章主要对不同马铃薯全粉添加量制成的复合面条进行品质研究，旨在选择出较好马铃薯全粉添加量的复合面条，为马铃薯主粮工业化提供一定的实施方案。

2.2 材料与设备

2.2.1 材料与试剂

新鲜马铃薯和五得利小麦粉购于河南洛阳大张超市；柠檬酸、维生素 C（V_C）、$CaCl_2$ 购于河南省洛阳市奥龙化玻有限公司。

2.2.2 仪器与设备

表 2-1 主要仪器与设备

仪器名称	型号	生产厂家
食品物性分析仪	SMS. TA. XT. Express	稳定微导流有限公司
扫描电子显微镜	JSM-5610LV	日本电子株式会社
核磁共振成像分析仪	NM120-015-1	上海纽迈电子科技有限公司
高速多功能粉碎机	HC-200	浙江省永康市金穗机械制造厂
压面机	JSM-5610LV	武汉丰创机械有限公司
电炉	DSC1 型	瑞士 Mettler-Toledo 公司
电子天平	JA-B/N	上海雅程仪器设备有限公司

2.3 试验方法

2.3.1 马铃薯全粉的制备

马铃薯经过清洗去皮切片后，用 1.5%柠檬酸、1.0% VC、0.15% $CaCl_2$ 护色液浸泡 20min 进行护色处理。将护色后的马铃薯片预煮 3min，取出冷却，然后进行蒸煮，确保马铃薯充分糊化但又不破坏细胞壁。蒸煮完成后，将马铃薯片置于温度为 60℃、相对湿度为 10%、风速为 1.5m/s 的热泵干燥箱中，干燥完全后，用粉碎机制备马铃薯全粉。

2.3.2 面条制作工艺

称取马铃薯全粉、小麦面粉共 200g，充分混合均匀，把 2g 食盐溶入

80mL 纯净水中，充分溶解后倒入原料中，和面 5min，保持面团干湿得当，色泽一致，没有干粉，用手稍用力能捏成一团，松开能碎成颗粒。然后放在室温条件下醒（饧）面 20min 后，放入压面条机进行反复压片，直到形成表面光滑、色泽均一且有弹性的面带，然后进行切条，制成复合面条。

2.3.3 试验设计

选择不同比例的马铃薯全粉添加到面条中，制成复合面条。复合面条总量为 200g，马铃薯全粉添加量分别为 0%、10%、20%、30%、40%、50%。每组试验重复 3 次。

2.3.4 煮制特性的测定

准确称量 20g 复合面条，放入 500mL 100℃的沸水中煮至白心刚好消失，捞出面条，沥水 30s 称量，将所剩面汤倒入 500mL 容量瓶中定容，从中取出 100mL 于已经称量过质量的烧杯中，先在电炉上蒸发一定的水分，再移至 105℃烘箱中烘至绝干，称质量，煮制吸水率计算如式（2-1），烹调损失率计算如式（2-2）。

$$煮制吸水率=\frac{m_2-m_1}{m_1}\times100\% \tag{2-1}$$

式中，m_1 为未煮制之前面条的质量，g；m_2 为煮制之后面条的质量，g。

$$烹调损失率=\frac{5m_3}{20}\times100\% \tag{2-2}$$

式中，m_3 为 100mL 面汤中损失含量，g/g。

每个样品重复 3 次，求平均值。

2.3.5 质地剖面分析

质地剖面分析（texture profile analysis，TPA）条件设置：采用 P/75 探头，设置测前速度为 1.00mm/s，测试速度为 0.2mm/s，测后速度为 1.00mm/s，压缩程度 70%，间隔时间为 10s，触发力为 5g。将面条 3 根一组放在质构仪上进行测试，每个样品测 5 次，求平均值，得出硬度、黏着性、弹性、黏聚性、胶着性、咀嚼性、回复性 7 个参数值。

2.3.6 微观结构测定

将样品黏附在样品台上，置于样品舱中喷金。样品取出后，装入 JSM-5610LV 扫描电子显微镜观察室，进行观察。

2.3.7 水分的测定

选用 Q-FID 序列进行校准，选用 Q-CPMG 序列对样品进行测定。测定条件：质子共振频率为 22MHz，测量温度为 32℃，等待时间 T_W 为 1000ms，迭代次数 NS 为 64，回波时间 T_E 为 0.25ms，回波个数为 1200。

2.3.8 基于模糊数学综合评价法的感官评定

面条品质的好坏是由多种因素造成的，建立量化的评价指标对于面条的综合评定有一定指导意义。对于面条的评价，评语体系组成因素有很多，如：色泽、表面状况、适口性、韧性、弹性、光滑性、食味等，是一个模糊数学集，因此用模糊数学法对面条品质进行评定是一种行之有效的方法。挑选 10 名专业评定员组成感官评定小组，要求小组成员不抽烟喝酒、无不良嗜好，且能够进行客观公正的评价。感官评定时间选取在 14：00～16：00，鉴定时不能有异物影响口感，对 6 个样品进行随机编号，以“非常喜欢”“喜欢”“一般”“不喜欢”为评语，以“色泽”“表面状态”“适口性”“整体接受程度”为指标，按照表 2-2 的感官评价标准让评定员进行评定。本试验采用强制决定法确定各因素的权重，权重集 X =｛色泽，表面状态，适口性，整体接受程度｝=｛0.21，015，0.38，0.26｝。

表 2-2 马铃薯小麦粉复合面条感官评价标准

感官指标	感官评定标准及等级			
	非常喜欢	喜欢	一般	不喜欢
色泽	颜色正常，光亮	颜色正常，明亮	色深或无色，光泽差	颜色暗淡，无光泽
表面状态	表面光滑	表面较为光滑	表面有明显凹凸	断裂
适口性	有嚼劲弹性，香气四溢	有嚼劲、香气	嚼劲、香气一般	无嚼劲、香气
整体接受程度	优秀	良好	能够接受	不能接受

2.3.9 数据处理

本试验数据采用 Origin 8.5 和 DPS 7.0 进行分析处理。

2.4 结果与分析

2.4.1 马铃薯全粉添加量对复合面条煮制特性的影响

不同含量马铃薯全粉复合面条的煮制特性如图 2-1 所示。随着马铃薯全粉添加量的增加，煮制吸水率呈现下降趋势，马铃薯全粉添加量为 50%时的煮制吸水率比 0%时降低了 31.71%；烹调损失率一直升高，马铃薯全粉添加量为 50%时的烹调损失率比 0%时提高了 140.81%。这表明马铃薯全粉添加量对复合面条煮制特性影响较大。这两者可能与面条中的面筋含量和面筋的网络形成结构有关。马铃薯淀粉含量高，无面筋蛋白，随着马铃薯全粉添加量的增加，使得复合面条中整体面筋的含量降低，锁水性能变差，煮制吸水率降低，而且淀粉本身不溶于水，温度超过 60℃时会发生糊化现象，吸水性能较差，导致煮制吸水率降低。另外，由于马铃薯全粉中的淀粉含量较高，导致面筋蛋白不能较好地形成网络结构和分子间氢键以及二硫键，随着马铃薯全粉的增加，淀粉不能和面筋蛋白很好混合，在复合面条煮制的过程中，容易溶解在水中，从而使烹调损失率上升。烹调损失率过高，会造成营养物质的流失，煮制吸水率过低，会造成面条煮制时间过长，因此选取 20%的马铃薯全粉添加量，煮制吸水率较高，烹调损失率较低，品质较好。

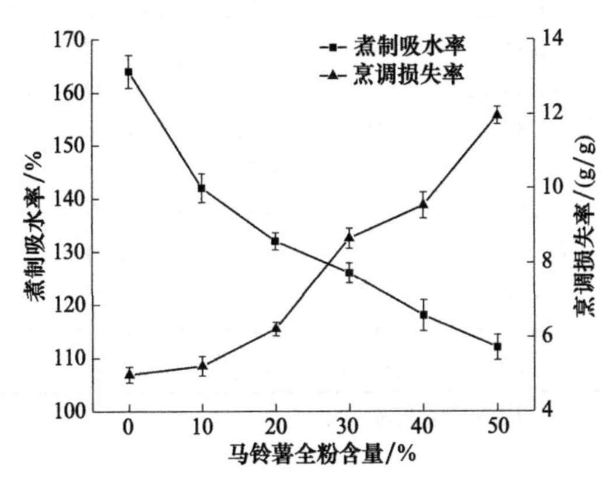

图 2-1 不同含量马铃薯全粉复合面条的煮制特性

2.4.2 马铃薯全粉添加量对复合面条的 TPA 的影响

不同含量马铃薯全粉复合面条的 TPA 参数列于表 2-3，在马铃薯粉含量为10%时，复合面条硬度最大，基本呈现下降趋势，硬度最大值比最小值高了26.66，在50%时，复合面条黏性最大，随着马铃薯全粉添加量的增加黏性随之增大，黏性最大值比最小值增加了165.24%，在马铃薯粉含量为10%时，复合面条的咀嚼性最大，最大值比最小值大了44.14%。由此可以看出，增加少量马铃薯全粉会导致复合面条硬度和咀嚼性的增加，随着马铃薯全粉添加量的增加，复合面条的硬度和咀嚼性呈现下降的趋势，而复合面条的黏性却一直在增大。这可能是由于添加少量的马铃薯全粉，能够促进小麦粉中蛋白质结构的形成，使其二维和三维结构更加坚固，随着马铃薯全粉添加量的继续增多，导致复合面条中总的蛋白质含量下降，由于蛋白质含量下降，使复合面条不能很好地或者说是不能形成有效的蛋白质网络结构，促使面条的硬度和咀嚼性变差。然而，由于马铃薯全粉中含有较多的淀粉，马铃薯淀粉的本身黏性比较大，因此马铃薯全粉含量越多，复合面条的黏性越大。综合考虑，选择20%的马铃薯全粉复合面条较好。

表 2-3 不同含量马铃薯全粉复合面条的 TPA 参数

马铃薯全粉添加量/%	硬度/g	黏性/(g·s)	弹性	黏聚性	胶着性	咀嚼性	回复性
0	7209.31±43.72^{c}	416.79±6.25^{b}	0.84±0.05^{a}	0.77±0.03^{b}	5542.21±20.43^{a}	4632.19±28.54^{b}	0.51±0.03^{b}
10	7470.22±65.24^{b}	499.75±2.37^{c}	0.89±0.06^{b}	0.75±0.02^{a}	5564.72±50.87^{b}	4986.34±37.84^{b}	0.50±0.02^{b}
20	7265.44±40.16^{a}	548.28±5.62^{b}	0.87±0.02^{a}	0.69±0.02^{b}	4980.42±34.92^{a}	4187.01±48.41^{b}	0.45±0.01^{a}
30	6150.91±27.41^{b}	597.75±3.67^{a}	0.85±0.04^{a}	0.76±0.03^{a}	4654.56±66.42^{b}	4064.61±16.74^{a}	0.56±0.02^{b}
40	6000.60±37.19^{a}	725.13±4.61^{b}	0.83±0.03^{b}	0.75±0.01^{a}	4084.84±42.47^{c}	3659.36±20.58^{b}	0.45±0.03^{c}
50	5897.94±28.27^{b}	1105.51±5.62^{b}	0.80±0.04^{a}	0.78±0.02^{c}	4616.52±39.81^{c}	3496.99±21.54^{a}	0.59±0.02^{b}

注：同列肩标小写字母不同表示差异显著。

2.4.3 马铃薯全粉添加量对复合面条微观结构的影响

不同含量马铃薯全粉复合面条的电镜照片如图2-2所示，图A为马铃薯全粉添加量0%复合面条的微观结构，从图 A_1 中可以看出复合面条的横截面中淀粉含量较多，颗粒较大，分布较为均匀，在图中清晰可见，从图 A_2 中可以看出复合面条的纵截面平面粗糙，孔隙较多，孔径较大，网状结构完整，这可能主要是因为小麦粉在形成面团的过程中，蛋白质形成的空间结构较好，面团的张力较大；图 B 为马铃薯全粉添加量 10%复合面条的微观结构，从图 B_1 中可以看出复合面条横截面较为平整，淀粉颗粒开始不均匀，从图 B_2 中可以看出复合面条纵截面的孔隙有所降低，网状结构降低，有淀粉颗粒嵌入孔隙；图 C 为马铃薯全粉添加量 20%复合面条的微观结构，横截面无明显变化，纵截面孔隙率和表面粗糙度下降，网状结构不明显；图 D～图 F 为马铃薯含量 30%～50%的微观结构，横截面表面可观察到的淀粉颗粒逐渐减少，表面趋于平滑，而纵截面几乎不能观察出网状结构，总观横纵截面，其变化不是太明显，可能是因为马铃薯全粉会影响复合面条的孔隙率和网状结构，在添加到一定含量时，对于蛋白质的结构没有显著的影响。

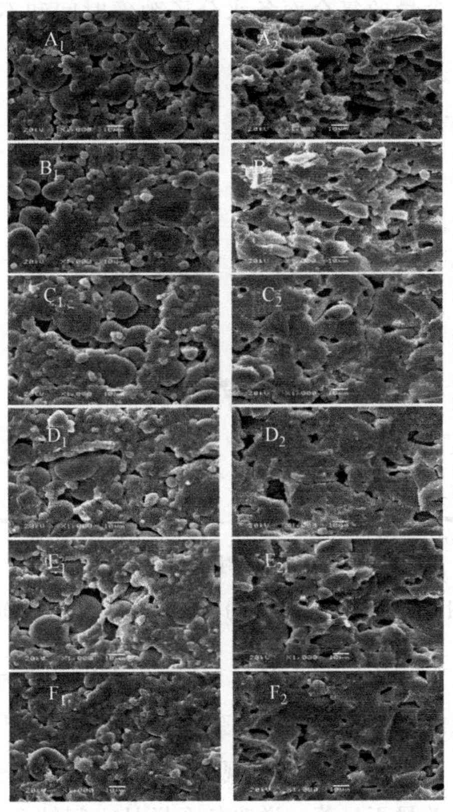

图 2-2 不同含量马铃薯全粉复合面条的电镜照片

A～F 分别表示马铃薯全粉添加量为 0%、10%、20%、30%、40%、50%；

下标 1 为横截面、2 为纵截面

2.4.4 马铃薯全粉添加量对复合面条水分分布的影响

低场核磁共振技术因其精度高、重现性好、方便快捷而在食品检测中得到广泛的应用，尤其是在水分检测方面，可通过食品中^{1}H 在磁场中的弛豫时间测定水的结合程度及量的变化情况。弛豫时间可以反映物料中水分的状态，弛豫时间的变化可以表征不同马铃薯全粉添加量复合面条中存在的多种水分状态，即各种条件下水分的结合情况；弛豫峰面积可以表征不同状态水含量，其变化可以表征复合面条各种状态水分子的转移流动情况。马铃薯小麦复合面条的弛豫时间 T_2 分布如图 2-3 所示。弛豫时间内呈现三个不同的峰：第一个峰分布在 0～1ms，对应物料中的结合水；第二个峰分布在 1～100ms，对应物料中的不易流动水；第三个峰分布在 100～1000ms，对应物料中的自由水。表 2-4 为不同马铃薯含量的复合面条水分子弛豫时间和不同水分状态的百分含量。

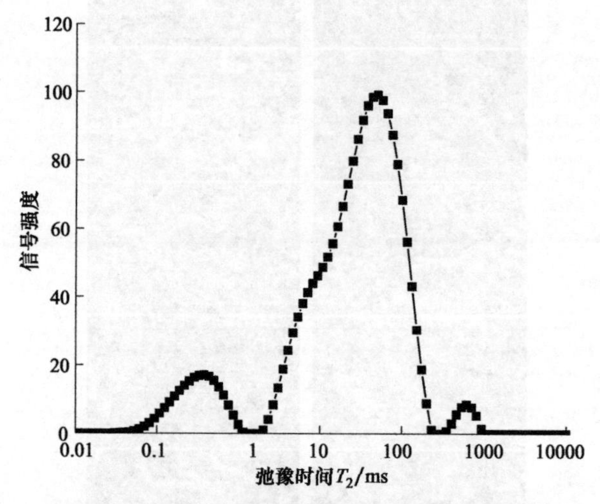

图 2-3 20%马铃薯全粉横向驰豫时间 T_2 分布

弛豫时间可表示水分的状态。由表 2-4 可以看出弛豫时间都随着马铃薯全粉添加量先向快弛豫方向移动，再向慢弛豫方向移动，当马铃薯全粉添加量从 20%增加到 30%时，弛豫时间之间出现巨大差异。不同马铃薯含量复合面条弛豫峰面积 P_{21} 之间差异不显著，说明各个样品之间结合水含量变化不明显，当马铃薯含量低于 20%时，马铃薯全粉 P_{22} 和 P_{23} 对于弱结合水和自由水影响不大，当马铃薯全粉添加量达到 30%以上时，P_{22} 明显下降，P_{23} 显著升高。这表明当马铃薯全粉添加量达到一定程度时，一部分不易流动水转化为自由水，复合面条的保水性急剧下降，容易导致水分的流失，煮制复合面条时，自由水含量的提高，会导致面条的弹性韧性降低，口感下降，从而使复合面条的整体品质下降，又考虑到马铃薯的添加会增加复合面条的营养，因此，选择20%的马铃薯全粉添加量较为合适。

表 2-4 不同马铃薯全粉添加量的复合面条弛豫时间变化和水分百分含量

不同马铃薯全粉添加量	T_{21}/ms	P_{21}/%	T_{22}/ms	P_{22}/%	T_{23}/ms	P_{23}/%
0%	0.658±0.052[b]	12.055±1.531[b]	37.649±3.245[a]	80.569±5.254[b]	305.386±22.284[b]	7.377±0.548[a]
10%	0.871±0.064[a]	14.553±1.847[a]	43.288±4.585[c]	84.317±6.248[a]	324.678±25.147[d]	1.131±0.125[b]
20%	0.572±0.041[a]	11.684±1.543[b]	49.288±5.248[b]	82.457±5.941[a]	403.702±31.687[a]	5.859±0.3498[a]
30%	0.376±0.035[b]	13.829±1.265[a]	32.745±4.515[d]	64.299±4.781[b]	274.976±18.045[a]	21.872±2.257[a]
40%	0.376±0.042[d]	16.174±1.615[a]	24.771±3.214[b]	62.836±5.217[a]	234.976±16.254[b]	20.990±3.215[b]
50%	0.285±0.037[b]	13.932±1.258[c]	21.544±3.847[a]	49.815±3.763[a]	180.124±12.974[b]	36.253±4.874[a]

注：同列肩标小写字母不同表示差异显著。

2.4.5 模糊数学法评价不同含量马铃薯全粉复合面条

选取10名专业评定人员，根据感官评定标准表2-2对不同马铃薯全粉添加量的复合面条进行感官评定，结果如表2-5所示。本试验选择M（∧，∨）模糊算子进行感官评定的计算，马铃薯全粉添加量为0%时，2人表示非常喜欢，3人表示喜欢，4人表示一般，1人表示不喜欢，则得到R色泽=(0.2，0.1，0.1，0.2)，同理R表观状态=(0.3，0.2，0.1，0.2)，R适口性=(0.4，0.6，0.7，0.5)，R整体接受程度=(0.1，0.1，0，0.1)。这样得到一个模糊矩阵

$$\boldsymbol{R}=\begin{bmatrix}0.2,0.3,0.4,0.1\\0.1,0.2,0.6,0.1\\0.1,0.1,0.7,0\\0.2,0.2,0.5,0.1\end{bmatrix}$$

各因素权重为X=(0.21，0.15，0.38，0.26)，依据模糊算子M(∧，

V）计算综合评价为

$$Y_1 = X \cdot R_1 = (0.21,0.15,0.38,0.26) \cdot \begin{bmatrix} 0.2,0.3,0.4,0.1 \\ 0.1,0.2,0.6,0.1 \\ 0.1,0.1,0.7,0 \\ 0.2,0.2,0.5,0.1 \end{bmatrix}$$

$$= (0.2,0.21,0.38,0.1)$$

最终输出模糊数学集为 $Y_1=(0.2,\ 0.21,\ 0.38,\ 0.1)$，同时对 Y_1 进行归一化处理得到 $Y_1'=(0.24,\ 0.23,\ 0.42,\ 0.11)$。同理，改变马铃薯全粉的含量为10%、20%、30%、40%和50%时，输出的归一化模糊数学集分别为 $Y_2'=(0.24,\ 0.46,\ 0.18,\ 0.12)$，$Y_3'=(0.56,\ 0.29,\ 0.15,\ 0)$，$Y_4'=(0.12,\ 0.45,\ 0.31,\ 0.12)$，$Y_5'=(0.11,\ 0.22,\ 0.43,\ 0.24)$，$Y_6'=(0.13,\ 0.13,\ 0.26,\ 0.48)$。通过以上的计算，得到在不同条件下的峰值分别为0.42，0.46，0.56，0.45，0.43，0.48，且各个峰值下是归一化模糊数学集中的第3个，第2个，第1个，第2个，第3个和第4个数值，对应表2-2评语中的"一般""喜欢""非常喜欢""喜欢""一般""不喜欢"。由此可以看出，随着马铃薯含量的增加，复合面条的可接受程度先上升后下降，且马铃薯全粉添加量对于复合面条影响较大，当马铃薯全粉添加量为20%时，所制作的复合面条更受广大消费者的欢迎，由表2-5的数据，可以发现感官评价的结果与TPA的结果相一致。因此，确定马铃薯全粉添加量为20%为最佳添加量。

表2-5 感官评价结果

试验条件	评价标准	人数统计				总人数
		非常喜欢	喜欢	一般	不喜欢	
0%马铃薯	色泽	2	3	4	1	10
	表面状态	1	2	6	1	10
	适口性	1	1	7	0	10
	整体接受程度	2	2	5	1	10
10%马铃薯	色泽	1	5	2	2	10
	表面状态	2	6	2	0	10
	适口性	1	7	0	2	10
	整体接受程度	2	6	1	1	10
20%马铃薯	色泽	8	1	1	0	10
	表面状态	8	2	0	0	10
	适口性	9	1	0	0	10
	整体接受程度	7	2	1	0	10

续表

试验条件	评价标准	人数统计				总人数
		非常喜欢	喜欢	一般	不喜欢	
30%马铃薯	色泽	1	6	2	1	10
	表面状态	0	8	1	1	10
	适口性	1	7	1	1	10
	整体接受程度	1	6	3	0	10
40%马铃薯	色泽	1	1	5	3	10
	表面状态	1	2	5	2	10
	适口性	0	1	7	2	10
	整体接受程度	1	2	6	1	10
50%马铃薯	色泽	0	1	2	7	10
	表面状态	1	1	3	5	10
	适口性	0	0	1	9	10
	整体接受程度	0	1	2	7	10

2.5　本章小结

将马铃薯加入到面条中，可以使传统的面条营养品质得到有效提升。本章从不同的角度对复合面条的品质进行研究，发现马铃薯全粉添加量过多或者过少时，对其品质都有不同程度的影响，少量的马铃薯全粉会导致复合面条煮制吸水率、硬度和咀嚼性过大，黏性过小，大量的马铃薯全粉会导致复合面条烹调损失率、硬度和咀嚼性过小，黏性过大，综合考虑选取添加20%马铃薯全粉为最佳添加量，当马铃薯全粉添加20%时，复合面条的煮制吸水率为132%，烹调损失率为6.21%，硬度为7265.44g，黏性为548.28g·s，咀嚼性为4187.01，其孔隙率较小，水分分布较为适当，感官评分最高。

第3章

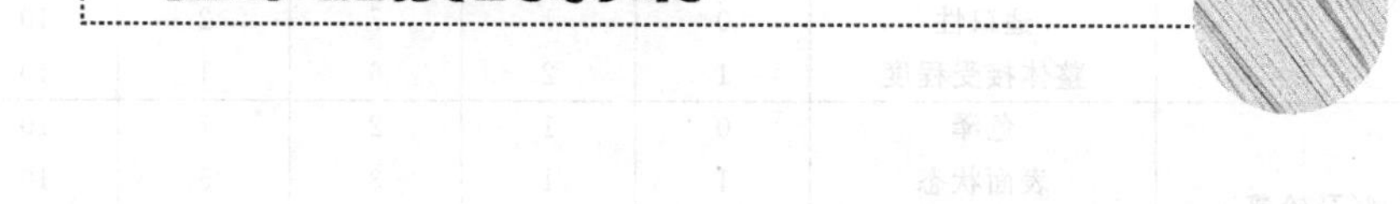

不同粒度马铃薯全粉对复合面条品质的影响

3.1 概述

面粉粒度是评价小麦粉的一项重要指标，其粒度的大小直接影响其产品的质量。陈志成等发现小麦面粉粒度的大小与馒头的弹性和起发性呈正相关，但与其外观形状呈负相关。陈成、杨艳红等发现粗蛋白含量、白度、弱化度、破损淀粉含量与小麦面粉粒度呈负相关性，颗粒较粗的小麦面粉制得的馒头有更好的弹性和回复性，颗粒较细的小麦面粉制得的馒头成品色泽白，内部气孔细小均匀。刘强等指出随着小麦面粉粒度的减小，其糊化温度基本呈降低趋势，黏度总体呈现上升趋势。Cai Liming 等研究了麸皮粒度对小麦面粉面包质量的影响，发现麸皮粒度大小对面包体积和面包硬度有着显著性的影响。Choi 等研究了面粉粒度对海绵蛋糕烘烤质量的影响，发现面粉粒度对面糊密度、黏度和海绵蛋糕体积和碎屑结构产生相当大的影响。Liu Ting 等研究了小麦面粉粒度对玉米面饼品质的影响，发现随着小麦面粉粒度的减小，亮度 L^* 值降低，但淀粉损伤度、多酚氧化酶活性和红绿度 a^*、黄蓝度 b^* 值增加，粒度的降低将显著提高玉米面饼的品质。Tóth 等测定了不同粒度面粉的烘焙质量特性、蛋白质，灰分以及大量和微量元素浓度，发现不同粒度的面粉对蛋白质、灰分以及大量和微量元素产生了显著的影响，63.08～125μm 的颗粒比原始面粉样品具有更好的烘烤参数，矿物元素浓度也比原粉高得多。

马铃薯粉作为一种营养强化剂添加到小麦粉中，其粒度的变化可能也会导致复合面条的品质产生相应的变化。本章以马铃薯粉作为研究对象进行试验，探讨不同粒度马铃薯粉对复合面条品质的影响，以期为马铃薯粉作为辅助物料添加到面条中提供理论参考。

3.2 材料与设备

3.2.1 材料与试剂

同第 2 章中 2.2.1。

3.2.2 仪器与设备

表 3-1 主要仪器与设备

仪器名称	型号	生产厂家
食品质构仪	Instron Universal 5544	美国 Instron 公司
扫描电子显微镜	JSM-5610LV	日本电子株式会社
差示扫描量热仪	DSC1 型	瑞士 Mettler-Toledo 公司
电热鼓风干燥箱	101 型	北京科伟永兴仪器有限公司
高速多功能粉碎机	HC-200 型	浙江省永康市金穗机械制造厂
分样筛		上虞市大地分样筛厂

3.3 试验方法

3.3.1 试验设计

将马铃薯全粉分别过 50、100、150、200、250 目分样筛，获得 50、100、150、200、250 目的马铃薯全粉。取不同粒度的马铃薯全粉与小麦粉混合，制成复合面条。

3.3.2 煮制特性的测定

同第 2 章中 2.3.4。

3.3.3 TPA 的测定

同第 2 章中 2.3.5。

3.3.4 自由水和结合水的测定

精确称取样品 20mg 于坩埚中，采用空白坩埚作为对照，用差示扫描量热仪（differential scanning calorimeter，DSC）进行测量，每个样品测 3 次，求平均值。

3.3.5 微观结构的测定

同第 2 章中 2.3.6。

3.3.6 干基含水率及干燥速率的测定

复合面条的干基含水率按式（3-1）计算。

$$X=\frac{m_t-m}{m} \tag{3-1}$$

式中，m_t 为 t 时刻物料的质量，g；m 为湿物料中绝干料的质量，g。

干燥过程中的干燥速率按式（3-2）计算。

$$U=\frac{X_t-X_{t+\Delta t}}{\Delta t} \tag{3-2}$$

式中，X_t 为 t 时刻干基含水率，(g/g)；$X_{t+}\Delta t$ 为 $t+\Delta t$ 时刻干基含水率，(g/g)；Δt 为时间间隔，h。

3.3.7 有效水分扩散系数测定

本试验所用面条为长方体形状（500mm×2.5mm×1mm），其长度远大于宽度和厚度，水分扩散主要沿着宽（x）、厚（y）两个方向同时进行，所以其水分扩散特性为二维平面扩散。由 Newmen 公式可得水分比（moisture rate，MR）如式（3-3）所示。

$$MR=\frac{M_t-M_e}{M_0-M_e}=\left(\frac{M_t-M_e}{M_0-M_e}\right)_x\left(\frac{M_t-M_e}{M_0-M_e}\right)_y \tag{3-3}$$

式中，M_0 为初始干基含水率，(g/g)；M_t 为在任意干燥 t 时刻的干基含水率，(g/g)；M_e 为平衡时刻干基含水率，(g/g)；x 为面条宽度，m；y 为面条厚度，m。

水分在宽度厚度方向上的扩散可以分别看做是一维平板状物料的扩散，根据 Fick 第二扩散定律可得方程如式(3-4)所示。

$$\left(\frac{M_t-M_e}{M_0-M_e}\right)_i=\frac{8}{\pi^2}\sum_{n=0}^{\infty}\frac{1}{(2n+1)^2}\exp\left[-\frac{(2n+1)^2\pi^2 Dt}{4L_i^2}\right] \tag{3-4}$$

式中，$i=x$，y；D 为有效水分扩散系数，(m^2/s)；L_i 为物料宽度或厚度的一半，m；t 为干燥时间，s；n 为组数。

干燥过程中，复合面条体积略微缩小，变化不大，为了便于研究：假设：①干燥过程中，面条的组织结构均匀，各方向的扩散系数相等，即 $D_x=D_y=D$；②干燥过程中面条体积不变，即 L_i 一定。由式(3-3)、式(3-4)，取 $n=0$ 可得式(3-5)：

$$MR=\frac{M_t-M_e}{M_0-M_e}\approx\left(\frac{8}{\pi^2}\right)^2\exp\left[-\frac{\pi^2}{4}Dt\left(\frac{1}{L_x^2}+\frac{1}{L_y^2}\right)\right] \tag{3-5}$$

式中，L_x 为物料厚度的一半，m；L_y 为物料宽度的一半，m。为了计算方便，将式(3-5)两端取自然对数得式(3-6)。

$$\ln MR=\ln\left(\frac{8}{\pi^2}\right)^2-\frac{\pi^2 D}{4}\left(\frac{1}{L_x^2+L_y^2}\right)t \tag{3-6}$$

由式(3-6)可以看出，$\ln MR$ 与时间 t 呈线性关系，有效水分扩散系数 D 可由其斜率求出。

3.3.8 数据处理

同第 2 章中 2.3.9。

3.4 结果与分析

3.4.1 不同粒度马铃薯全粉对复合面条煮制特性的影响

不同粒度马铃薯全粉复合面条的煮制特性如图 3-1 所示。由图 3-1 可以看出，马铃薯全粉粒度为 50、100、150、200、250 目时，复合面条煮制吸水率分别为 162%、157%、137%、166%、171%，烹调损失率分别为 5.26%、6.64%、7.79%、6.01%、5.61%，随着马铃薯全粉颗粒粒度的减小，复合面条的煮制吸水率呈现先下降后上升的趋势，150 目的马铃薯全粉复合面条煮制吸水率比 50 目的复合面条煮制吸水率降低了 15.43%，比 250 目的复合面条煮制吸水率降低了 19.88%。复合面条的烹调损失率呈现先增大后减小的趋势，150 目的马铃薯全粉烹调损失率比 50 目的复合面条烹调损失率升高了 48.10%，比 250 目的复合面条烹调损失率升高了 38.86%。这表明在马铃薯全粉和小麦面粉粒度相近的情况下（150 目）煮制吸水率最小，烹调损失率最大，且用马铃薯全粉颗粒较大的比颗粒较小的煮制吸水率高。复合面条的煮制吸水率和烹调损失率可能与面条的孔隙率、蛋白质的组织结构和粉体颗粒的大小有关，一方面由于不同粒度的粉体结合，造成面条内部组织结合不均匀，导致面条孔隙率较大，从而有利于水分的迁移，煮制吸水率也较大；另一方面同样粒度的马铃薯全粉和小麦面粉更容易融合在一块，形成结构均匀的面团，由于马铃薯全粉中含有大量的淀粉，可能使淀粉颗粒附着在蛋白质颗粒的表面，减少了蛋白质中的分子间氢键和二硫键，使面筋蛋白三维网状结构不能很好地形成，从而使面筋的吸水能力和黏聚性有所下降。当马铃薯全粉粒度比小麦面粉粒度大时，小麦面粉形成面筋蛋白不能融合马铃薯全粉，面筋蛋白形成所受到的阻碍会变大，而马铃薯全粉粒度比面粉粒度小时，小麦面粉形成的面筋蛋白会包裹住马铃薯全粉，对面筋蛋白的形成也会有所影响，但比颗粒大时的影响小，所以同样粒度的马铃薯全粉和小麦面粉结合会降低面条的煮制吸水率，提高烹调损失率。

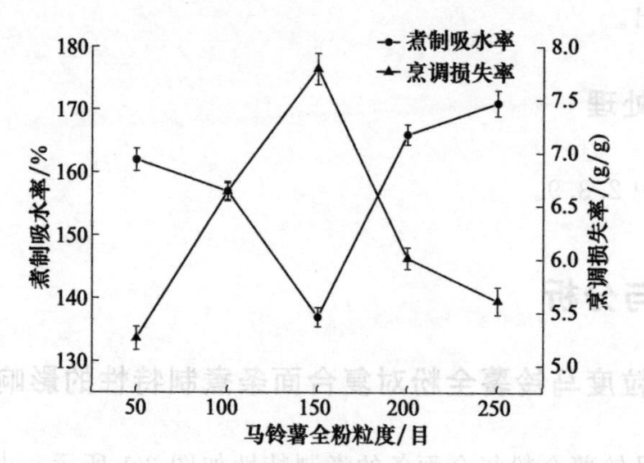

图 3-1 不同粒度马铃薯全粉复合面条的煮制特性

3.4.2 不同粒度马铃薯全粉对复合面条 TPA 的影响

不同粒度马铃薯全粉复合面条的 TPA 参数列于表 3-2，从表中可以看出马铃薯全粉粒度为 50、100、150、200、250 目时，复合面条硬度分别为 6060.14g、8183.27g、7840.62g、6828.73g、6197.35g，表现为先增加后减小，在100目时，复合面条的硬度最大，最大值比最小值高了35.04%。马铃薯全粉粒度为50、100、150、200、250目时，弹性分别为0.86、0.89、0.98、0.94、0.86，在150目时，面条的弹性最大，最大值比最小值增加了13.95%。马铃薯全粉粒度为50、100、150、200、250目时，咀嚼性分别为3960.89、5607.99、5839.69、4814.26、4370.37，在150目时，面条的咀嚼性最大，最大值比最小值增加了47.43%。由此表明，略微减小马铃薯全粉粒度会导致面条硬度的增加，继续减小马铃薯全粉粒度时，复合面条的硬度会随之下降；减小马铃薯全粉的粒度，复合面条的弹性和咀嚼性都呈现先上升后下降的趋势。这是由于随着马铃薯粉粒度的逐渐减小，粉体中的淀粉粒度也随之下降，马铃薯粉粒度过大或过小时，都会影响面筋蛋白的形成，使其结构由有序状态变为无序状态，使面条的硬度、弹性和咀嚼性减小。当马铃薯粉粒度和小麦面粉粒度接近时，有利于面筋蛋白的形成，其中的淀粉吸水膨胀后糊化，填充在面筋网络结构中，使面团的硬度、弹性和咀嚼性较大。

表3-2 不同粒度马铃薯全粉复合面条的TPA

粒度/目	硬度/g	黏性/(g·s)	弹性	黏聚性	胶着性	咀嚼性	回复性
50	6060.14 ± 21.13^{c}	3.71 ± 0.06^{b}	0.86 ± 0.02^{a}	0.76 ± 0.02^{b}	4605.68 ± 16.54^{c}	3960.89 ± 12.25^{b}	0.43 ± 0.02^{c}
100	8183.27 ± 32.24^{a}	4.01 ± 0.04^{a}	0.89 ± 0.02^{a}	0.77 ± 0.03^{b}	6301.12 ± 21.25^{b}	5607.99 ± 35.19^{a}	0.41 ± 0.02^{b}
150	7840.62 ± 16.25^{b}	3.45 ± 0.03^{a}	0.98 ± 0.04^{c}	0.76 ± 0.01^{a}	5958.87 ± 14.35^{a}	5839.69 ± 26.15^{a}	0.52 ± 0.03^{b}
200	6828.73 ± 25.39^{b}	2.93 ± 0.04^{c}	0.94 ± 0.02^{b}	0.75 ± 0.02^{a}	5121.55 ± 26.44^{a}	4814.26 ± 19.20^{b}	0.34 ± 0.01^{a}
250	6197.35 ± 19.26^{a}	3.24 ± 0.03^{b}	0.86 ± 0.04^{a}	0.82 ± 0.03^{c}	5081.83 ± 25.27^{b}	4370.37 ± 27.14^{b}	0.38 ± 0.03^{b}

注：同列肩标小写字母不同表示差异显著（$p<0.05$）。

3.4.3 不同粒度马铃薯全粉复合面条的孔隙率

不同粒度马铃薯全粉复合面条的电镜图片如图3-2，图中孔隙直径大约为8～15μm，孔隙形状不规则。图A是50目马铃薯全粉复合面条在电子显微镜下观察的图片，从面条的横截面可以看出，马铃薯全粉颗粒与面团结合松散，马铃薯颗粒无序分散在其中，而且表面孔隙度较大；从面条的纵截面来看，表面较粗糙，孔隙布满了各处，可能是因为马铃薯全粉粒度过大，不能与小麦面粉很好地结合造成的。图 B 是 100 目马铃薯全粉复合面条在电子显微镜下观察的图片，从面条横截面可以看出，马铃薯全粉颗粒与小麦面粉结合得虽不紧密，但是马铃薯颗粒的一部分已经和面粉结合，呈现了一体性，与纵截面相比，横截面明显平滑了许多，孔隙依旧很密集，杂乱无章地布满表面，面条内部不坚实。图 C 是 150 目马铃薯全粉复合面条在电子显微镜下观察的图片，从横截面可以明显看出马铃薯全粉颗粒与小麦面粉已经紧密结合在一起，但是还有个别马铃薯淀粉颗粒悬浮在表面，纵截面孔隙率有了显著的降低，孔的直径比较均匀，面条内部密度增大。图 D 是 200 目马铃薯全粉复合面条在电子显微镜下观察的图片，从横截面可以看出，马铃薯全粉与小麦面粉已经成为了一体，没有散落的马铃薯淀粉颗粒，与前面的粒度相比，200 目的马铃薯全粉与小麦面粉结合得非常好，纵截面孔隙率依旧在变小，孔的直径也有所下降，

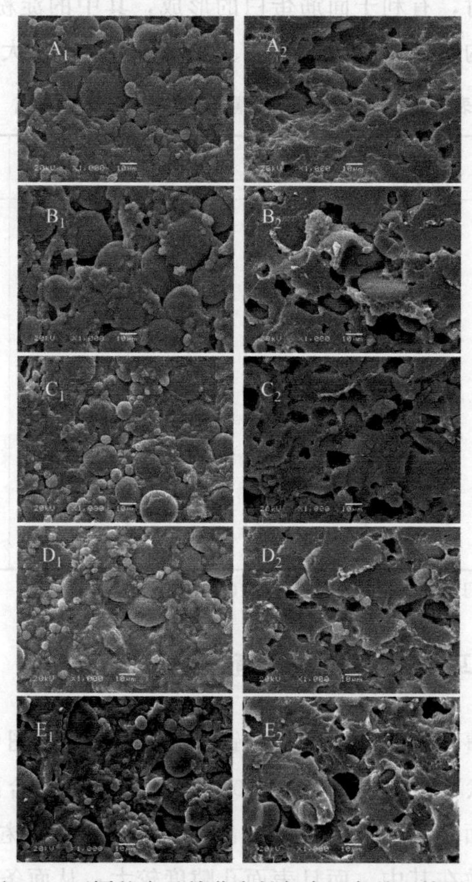

图 3-2 不同粒度马铃薯全粉复合面条的电镜图片

A～E 分别表示粒度 50、100、150、200、250 目；下标 1 为横截面；下标 2 为纵截面

内部密度达到最大。图 E 是 250 目马铃薯全粉复合面条在电子显微镜下观察的图片，从横截面可以看出，马铃薯全粉和小麦面粉表面有细微结合不紧密的地方，纵截面孔隙率较 200 目的面条增加了 2～3 倍，而且表面不甚平滑，内部结构松散。这表明，马铃薯全粉在 200 目时与小麦面粉复合制作的面条表面较为光滑，内部密度最大。

3.4.4　自由水和结合水含量

不同粒度马铃薯全粉复合面条的自由水和结合水比例如图 3-3 所示。马铃薯全粉粒度为 50、100、150、200、250 目时，自由水含量分别为 89.48%、88.57%、87.64%、86.36%、87.86%，结合水含量分别为 10.52%、11.43%、12.36%、13.64%、12.14%。结合水在 200 目时含量最大，最大值比最小值增加了 29.66%。这可能是因为马铃薯全粉粒度较大时，与面粉混合形成团的过程中由于粒度过大，不利于蛋白质结构的形成，导致蛋白质吸水性变差；另一方面，马铃薯全粉粒度大时，也会造成本身吸水性降低。随着马铃薯全粉颗粒粒度的减小，面条结合水比例逐渐增大，直到 200 目时，复合面条的结合水最多，马铃薯全粉粒度为 250 目时，结合水含量有所下降。

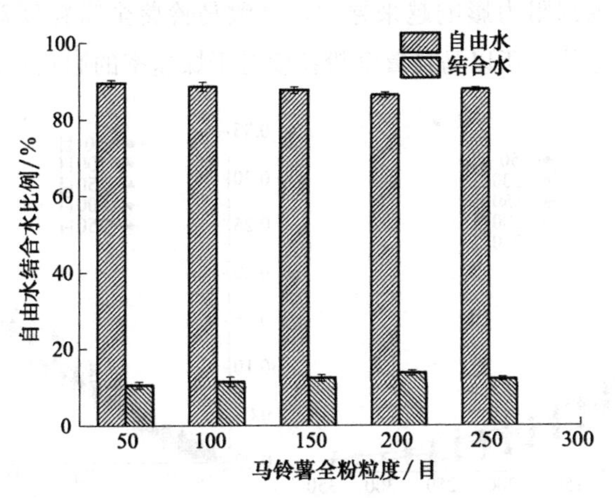

图 3-3　不同粒度马铃薯全粉复合面条的水分含量

3.4.5　不同粒度马铃薯全粉对面条干燥特性的影响

不同粒度马铃薯全粉复合面条的干燥曲线如图 3-4（a）所示。在温度为 30℃，马铃薯全粉粒度为 50、100、150、200、250 目条件下，面条干燥至终点所用时间分别为 260min、280min、320min、340min、300min。马铃薯全粉为 50 目时的干燥时间比 200 目时缩短了 23.53%，这说明在一定范围内随着马铃薯全粉颗粒粒度的减小干燥时间会延长，但是马铃薯全粉粒度过小时，又会导致干燥时间缩短。马铃薯全粉颗粒粒度过大时，不能够很好地与小麦面粉结合，形成的面团无论内部还是表面，孔隙度都比较大，水分迁移比较快，所以粒度较大时，干燥所用时间较短，随着马铃薯全粉颗粒粒度的减小，形成的面团较均匀，孔隙度逐渐减小，水分迁移变慢，干燥时间有所延长，继续减小马铃薯全粉粒度时，由于粒度过小，可能导致破坏面团的结构，不能有效地保留水分，所以干燥时间缩短。

不同粒度马铃薯全粉复合面条的干燥速率曲线如图 3-4（b）所示，马铃薯全粉粒度为 50 目时，干燥速率最快。随着马铃薯全粉颗粒粒度的减小，干燥速率下降，当马铃薯全粉粒度达到 200 目时，干燥速率达到最低，马铃薯全粉粒度继续下降时，干燥速率有所提高。在干燥初期时，干燥速率相差较大，干燥的中后期阶段，干燥速率差异明显减小，后期基本相同。由此可见，在物料干燥的过程中，随着样品含水量的下降，马铃薯全粉粒度对干燥速率的影响越来越小。复合面条的干燥过程主要为降速干燥，属于内部扩散控制，可能随着物料含水量的下降，内部阻力影响越来越大，导致马铃薯全粉粒度对面条干燥速率的影响处于次要地位，所以马铃薯全粉粒度对干燥速率的影响越来越小。

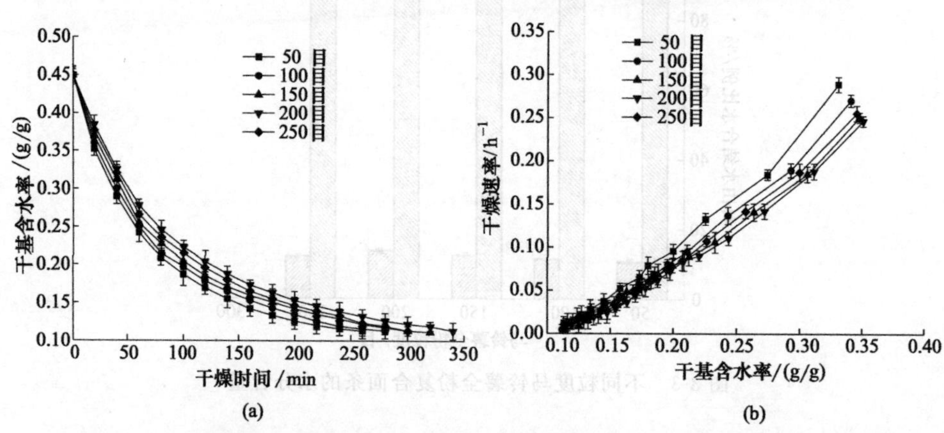

图 3-4　不同粒度马铃薯全粉复合面条的干燥曲线（a）及干燥速率曲线（b）

不同粒度马铃薯全粉面条的有效水分扩散系数如图 3-5 所示，有效水分扩散系数范围为 $1.92\times10^{-9}\sim2.62\times10^{-9}$ m^2/s，均属于 10^{-9} 数量级范围，在食品干燥的有效水分扩散系数 $10^{-12}\sim10^{-8}$ m^2/s 的范围内。马铃薯全粉粒度为50、100、150、200、250目时，面条的有效水分扩散系数分别为2.62×10^{-9}、2.56×10^{-9}、2.01×10^{-9}、1.92×10^{-9}、2.15×10^{-9} m^2/s。马铃薯全粉粒度为200目时有效水分扩散系数比马铃薯全粉粒度为50目时降低了26.72%，说明增大马铃薯全粉颗粒的粒度能够有效提高面条的有效水分扩散系数，这可能是由于马铃薯全粉颗粒粒度较大时形成面团的结构不均匀造成的。而马铃薯全粉粒度为150、200、250目时，有效水分扩散系数相差不大，说明当马铃薯全粉粒度与面粉粒度相当或比面粉粒度小时，对复合面条的有效水分扩散系数影响不大，可能是因为形成面团时面粉占比例较大，马铃薯全粉颗粒较小时，对形成面团内部结构影响较小。

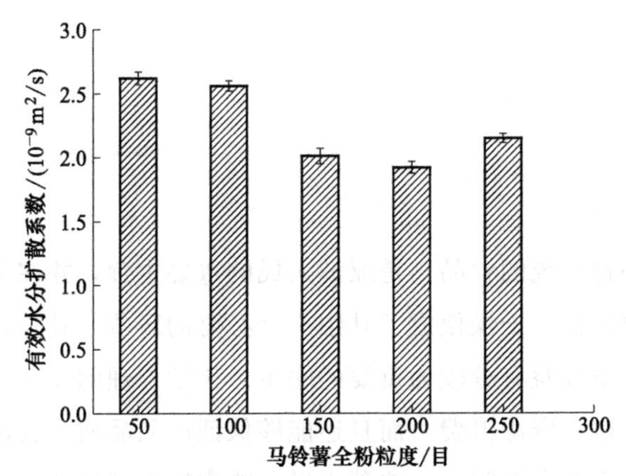

图3-5 不同粒度马铃薯全粉复合面条的有效水分扩散系数

3.5 本章小结

在试验粒度范围内，当马铃薯全粉颗粒粒度过大或过小时，都不利于面筋蛋白的形成，对复合面条的品质存在一定的影响。选取马铃薯全粉粒度和小麦面粉粒度相同时，能够增大复合面条的烹调损失率、弹性和咀嚼性，降低煮制吸水率。马铃薯全粉粒度比小麦面粉粒度稍小时，复合面条的孔隙率最小，结合水含量最大。根据本节试验数据计算出不同干燥条件下的有效水分扩散系数范围为$1.92\times10^{-9}\sim2.62\times10^{-9}$ m^2/s，发现有效水分扩散系数随着马铃薯全粉粒度的减小先减小后增大，粒度对于有效水分扩散系数存在一定的影响。

将马铃薯添加到面条中是马铃薯主粮化的重要途径，本章通过对不同粒度马铃薯全粉复合面条品质的研究，发现添加和小麦面粉粒度接近或偏小时复合面条的品质较好，可为日后的生产规模化提供理论依据。

第4章 基于变异系数法对不同干燥方法马铃薯全粉复合面条品质的评价

4.1 概述

面条作为一种传统的食品，是亚洲人民的重要主食，并在全球范围内都有所消费，为方便运输，干燥便成了其中一个必要的环节，其是否合理与面条的产品质量以及经济效益有着较为重要的联系。科学合理的干燥方法，不仅能够节省干燥时间，避免资源浪费，而且还能够保证产品品质。我国面条干燥经历了几个阶段，初期为自然晾干，这种干燥不能实现大规模的产业化，随之出现了高温快速干燥技术，虽然解决了产业化问题，但是产品质量却不能得到保证，接着低温慢速干燥技术问世，干燥的面条品质稳定，却因为干燥时间长再次被改造成为了中温中速干燥，是目前较为广泛的干燥方式。

目前面条的干燥主要是隧道式干燥，没有出现新的干燥技术，本书力求找寻一种新型的干燥方式，对复合面条进行干燥。目前食品常用的干燥方式主要有热泵干燥、热风干燥、冷风干燥、红外干燥等。热泵干燥具有高效节能、绿色环保的特点；热风干燥成本低、干燥速度快；冷风干燥能够较好地保持物料的营养价值，但是干燥时间较长；红外干燥直接作用于物料内部，效率高，能耗低。近年来，面条的研究主要是针对工艺和干燥工艺参数的优化，鲜少有关于不用干燥方式对面条品质研究的报道。

变异系数法作为一种数学统计方法，是直接利用各项指标本身所含有的信息，通过标准化的处理，计算出各指标权重，具有公正性，避免人为赋权的主观性，更能够体现数据的准确性。由于各指标的单位不同，变异系数法需要进行量纲的消除，得出各指标在试验条件下的重要程度。作为一种有效的评价方法，其在各领域都有所应用，但是在评定食品干燥品质方面的应用却不多见，用变异系数法评定复合面条的品质具有一定的新意。

本节选取热泵干燥、热风干燥、冷风干燥、红外干燥四种干燥方法对复合面条进行干燥，对其干燥特性、煮制特性、白度、TPA、剪切力、水分、微观结构、干燥能耗、吸湿性进行测定，并采用变异系数法进行综合评分，得到最佳的干燥方法，以期得到一种最佳的面条干燥方式。

4.2 材料与设备

4.2.1 材料与试剂

同第 2 章 2.2.1。

4.2.2 仪器与设备

表 4-1 主要仪器与设备

仪器名称	型号	生产厂家
食品质构仪	Instron Universal 5544	美国 Instron 公司
扫描电子显微镜	JSM-5610LV	日本电子株式会社
色差计	X-rite Color I5	美国爱色丽公司
恒温恒湿箱	HSP-150B	常州赛普试验仪器厂
电子天平	JA-B/N	上海佑科仪表有限公司
热泵干燥机	GHRH-20	广东省农业机械研究所
热风干燥机	101 型	北京科伟永兴仪器有限公司
冷风干燥机	LFGZX-3	浙江湖州欧胜电器有限公司
红外干燥机	—	自制

4.3 试验方法

4.3.1 试验设计

选取热风、热泵、冷风、红外四种干燥方式，设定热泵温度为 40℃，热风温度为 40℃，冷风温度为 20℃，红外温度为 60℃，研究不同干燥方式对复合面条品质的影响。每组试验重复 3 次。

4.3.2 干基含水率及干燥速率的测定

同第3章3.3.6。

4.3.3 煮制特性的测定

同第2章2.3.4。

4.3.4 白度的测定

将复合面条研磨成粉，用保鲜膜包好待用，先用黑白板对仪器进行校正，再将不同干燥条件下的样品依次进行测量，可得出 L^*、a^*、b^* 值。白度值（WI）的计算如式（4-1）所示：

$$WI=100-\sqrt{(100-L^*)^2+a^{*2}+b^{*2}} \tag{4-1}$$

4.3.5 TPA的测定

同第2章2.3.5。

4.3.6 剪切力的测定

采用A/LKB-F探头，设置测前速度1mm/s，测试速度0.17mm/s，测后速度5mm/s，触发力5g，应变量为90%。将煮熟后的面条3根一组放在质构仪上进行测试，每个样品测5次，求平均值。

4.3.7 微观结构测定

同第2章2.3.6。

4.3.8 干燥能耗的测定

复合面条的干燥能耗（kJ/kg）以每脱去1kg物料中的水所消耗的能量来表征，干燥过程中所消耗的总能量用电度表进行测量。

4.3.9 吸湿性的测定

在康威氏皿内室放入用电子天平精确称取的1g面条，外室放入饱和氯化钠溶液，密封后放入温度为30℃、相对湿度为75%的恒温恒湿箱中，保持7天测定吸湿性，计算公式如式（4-2）：

$$吸湿率=\frac{W_1-W_2}{W_2}\times100\% \tag{4-2}$$

4.3.10 变异系数法

由于各个指标的量纲不同，不易进行直接比较，需要先进行量纲的消除，求出变异系数，变异系数按式（4-3）进行计算：

$$V_i=\frac{\sigma_i}{\overline{X}_i} \tag{4-3}$$

式中，V_i 为第 i 个指标的变异系数；σ_i 为第 i 个指标的标准差；$\overline{X}_i$ 为第 i 个指标的平均值。

各项指标的权重按式（4-4）进行计算：

$$W_i=\frac{V_i}{\sum_{i=1}^{n}V_i} \tag{4-4}$$

式中，W_i 为权重。

标准化值按式（4-5）进行计算：

$$Z_{ij}=\frac{X_{ij}-\overline{X}_i}{\sigma_i} \tag{4-5}$$

式中，Z_{ij} 为标准化后各指标值；X_{ij} 为各指标实际测量值；σ_i 为第 i 个指标的标准差；$\overline{X}_i$ 为第 i 个指标的平均值。

标准化处理之后，对于越小越好的指标，需在数值前添加负号，然后将标准化值与权重相乘，计算得出综合评分。

4.3.11 数据处理

同第2章2.3.9。

4.4 结果与分析

4.4.1 干燥方式对复合面条干燥特性的影响

由图4-1（a）可知，热泵、热风、冷风、红外干燥至终点所用的时间分别为 220min、180min、300min、260min。热风干燥时间比冷风干燥缩短了 40.00%。干燥时间：冷风>红外>热泵>热风。由图 4-1（b）可知，复合面条的干燥过程为降速过程，而且降速较快。热泵干燥初期干燥速率最大，热风次之，但随着干燥时间的推移，到了中后期，热风的干燥速率反而超过了热泵干燥，因为中后期物料中主要含有的是结合水，这部分结合水相对于总的含水量而言是较小的，这会使得热泵干燥的进出口空气变化量较小，直接影响其干燥效果，热风干燥却没有这种影响，所以中后期热风干燥速率反而超过热泵干燥。冷风干燥和红外干燥初始干燥速率相差不大，之后红外干燥速率大于冷风干燥，这可能是由于初始冷风干燥的风速对于干燥影响较大，而红外干燥没有风速，但是温度对于干燥速率的影响比风速高，后边红外干燥速率就高于冷风干燥。红外干燥主要是红外线对物料进行辐射，红外源距物料有一定的距离，当红外线辐射到物料上之后，温度并没有实际上那么高，而且空气对流没有热泵干燥和热风干燥好，所以红外干燥和冷风干燥这两种干燥方式速率低。

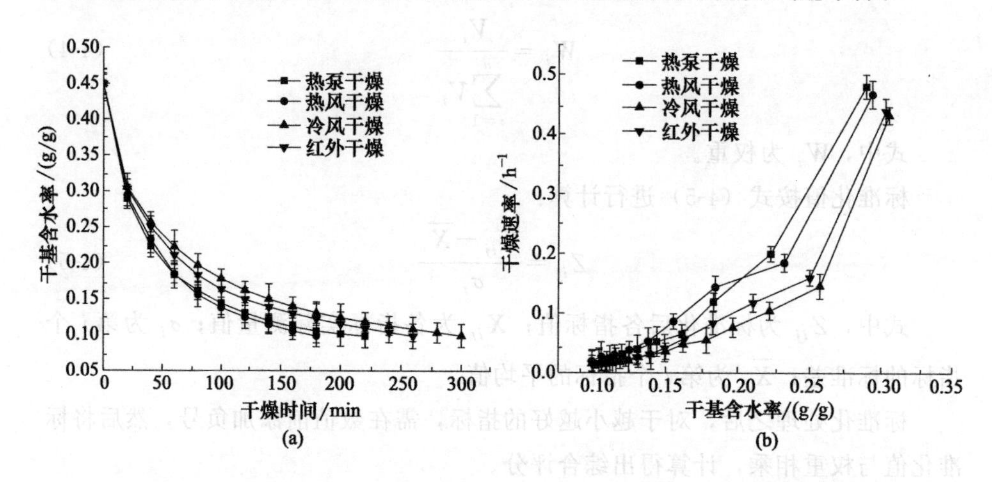

图 4-1　不同干燥方式下马铃薯小麦复合面条的干燥曲线及干燥速率曲线

4.4.2　干燥方式对复合面条煮制特性的影响

不同干燥条件下煮制特性如表 4-2 所示，煮制吸水率最大值比最小值升高了 29.07%，烹调损失率最小值比最大值降低了 44.97%，其中红外干燥的断条率最高，热风干燥较小，热泵干燥和冷风干燥断条率为 0。不同干燥方式的煮制特性差别较大，红外干燥的复合面条品质不佳，煮制吸水率较低，烹调损失率、断条率较高，这可能是与红外干燥特性有关，红外辐射是电磁波与物料共振放出能量，使物料内外同时达到干燥的效果，这可能对于复合面条内部结构影响较大，直接导致复合面条出现煮制吸水率较低、断条率较高，面条结构的不完整致使烹调损失率间接升高；热泵干燥和热风干燥的煮制吸水率和烹调损失率相差不是太大，但是热风干燥却有断条现象的出现，这可能是因为热风干燥较快，导致物料品质有所下降；冷风干燥温度低，低温能够较好地保证面条的品质。

表 4-2 不同干燥方式下马铃薯小麦复合面条的煮制特性

干燥条件	煮制吸水率/%	烹调损失率/%	断条率/%
热泵	143.16±2.26[a]	6.51±0.16[b]	0±0[a]
热风	136.62±3.58[b]	7.14±0.21[a]	2.5±0.02[a]
冷风	157.13±2.94[a]	5.69±0.09[c]	0±0[a]
红外	119.74±2.04[c]	10.34±0.15[b]	30±1.26[b]

注：同列肩标小写字母不同表示差异显著（$p<0.05$）。

4.4.3 干燥方式对复合面条白度的影响

不同干燥条件下的白度如图 4-2 所示，对于面条而言，白度越高，产品存在的潜在商业价值可能就越高。从图中可知，白度值：冷风干燥>红外干燥>热泵干燥>热风干燥。冷风干燥白度最高，热风干燥白度最低，但总体白度相差不大，方差分析结果显示差异不显著（$p<0.05$），因为不同干燥方式的温度和干燥原理不尽相同，冷风干燥温度较低，能够抑制一些高温易产生褐变的物质的活性，从而白度较高，热风干燥温度较高，从而使白度稍低，热泵干燥

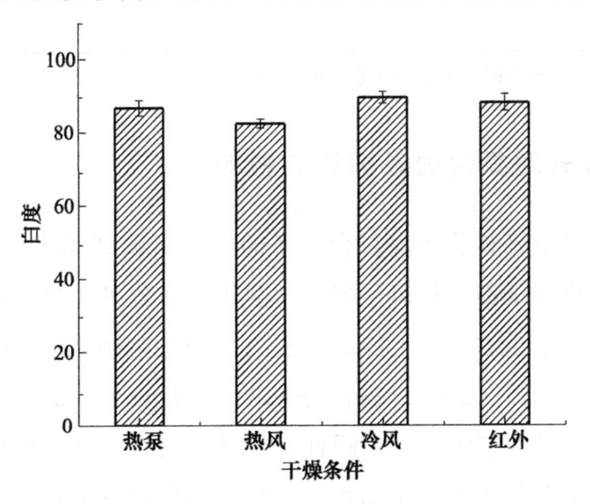

图 4-2 不同干燥方式下马铃薯小麦复合面条的白度

和红外干燥之间差异不显著，红外干燥温度虽然比较高，但是辐射到面条表面时，温度并没有实际温度高。从整体看来，不同干燥方式对于面条的白度略微有影响，但是影响不大，不显著。

4.4.4 干燥方式对复合面条TPA的影响

不同干燥方式下马铃薯小麦复合面条的TPA参数列于表4-3，从表中可以看出复合面条在热泵干燥、热风干燥、冷风干燥、红外干燥条件下的TPA硬度分别为5253.76g、4683.55g、4885.52g、3850.01g，弹性分别为0.84、0.78、0.80、0.62，咀嚼性分别为2992.43g·s、2421.97g·s、2515.03g·s、2289.83g·s。热泵干燥的TPA硬度、弹性、咀嚼性最大，其次是冷风干燥，热风干燥次之，红外干燥最小。热泵干燥能够较好地保持面条的品质。

表4-3 不同干燥方式下马铃薯小麦复合面条的TPA参数

干燥条件	硬度/g	黏性/g·s	弹性	黏聚性	胶着性	咀嚼性	回复性
热泵	5253.76±140.16[a]	421.89±26.25[b]	0.84±0.05[a]	0.65±0.03[b]	3567.79±120.43[a]	2992.43±98.41[b]	0.32±0.03[b]
热风	4683.55±227.41[b]	309.21±20.37[c]	0.78±0.06[b]	0.75±0.02[a]	3272.76±150.87[b]	2421.97±137.84[b]	0.42±0.02[b]
冷风	4885.52±243.72[c]	314.79±35.62[b]	0.80±0.02[a]	0.71±0.02[b]	3749.84±134.92[a]	2515.03±128.54[b]	0.37±0.01[a]
红外	3850.01±165.24[b]	209.70±18.67[a]	0.62±0.04[a]	0.54±0.03[a]	2419.04±176.42[b]	2289.83±116.74[a]	0.26±0.02[b]

注：同列肩标小写字母不同表示差异显著（$p<0.05$）。

4.4.5 干燥方式对复合面条剪切的影响

不同干燥方式下马铃薯小麦复合面条的剪切参数列于表4-4，从表中可以看出复合面条在热泵干燥、热风干燥、冷风干燥、红外干燥条件下的剪切坚实度分别为238.35g、188.17g、192.71g、114.26g，咀嚼性分别为1160.75、884.90、881.18、601.70g·s，黏性分别为5.95g·s、3.46g·s、4.2g·s、1.47g·s。热泵干燥的坚实度、咀嚼性、黏性最大，红外干燥最小。这表明热泵干燥的复合面条在坚实度、咀嚼性和黏性方面等有着一定的优势，红外干燥的复合面条坚实度低，易断，品质不佳。

表 4-4 不同干燥方式下马铃薯小麦复合面条的剪切参数

干燥条件	坚实度/g	咀嚼性	黏性/(g·s)
热泵	238.35±5.21[a]	1160.75±6.14[b]	5.95±0.06[a]
热风	188.17±3.14[b]	884.90±5.02[a]	3.46±0.04[b]
冷风	192.71±4.21[a]	881.18±3.24[c]	4.23±0.06[c]
红外	114.26±2.16[b]	601.70±5.17[a]	1.47±0.02[a]

注：同列肩标小写字母不同表示差异显著（$p<0.05$）。

4.4.6 干燥方式对复合面条微观结构的影响

不同干燥方式的扫描电镜结果如图 4-3 所示，复合面条的微观结构和形态对于它们的品质有一定的影响。图中显示了通过四种不同干燥方法获得的复合面条的扫描电镜图像，用以研究其性质。从图 4-3（a）中可以看出热泵干燥微观结构表面较为平整坚实，孔隙较少；从图 4-3（b）中看出热风干燥的微观

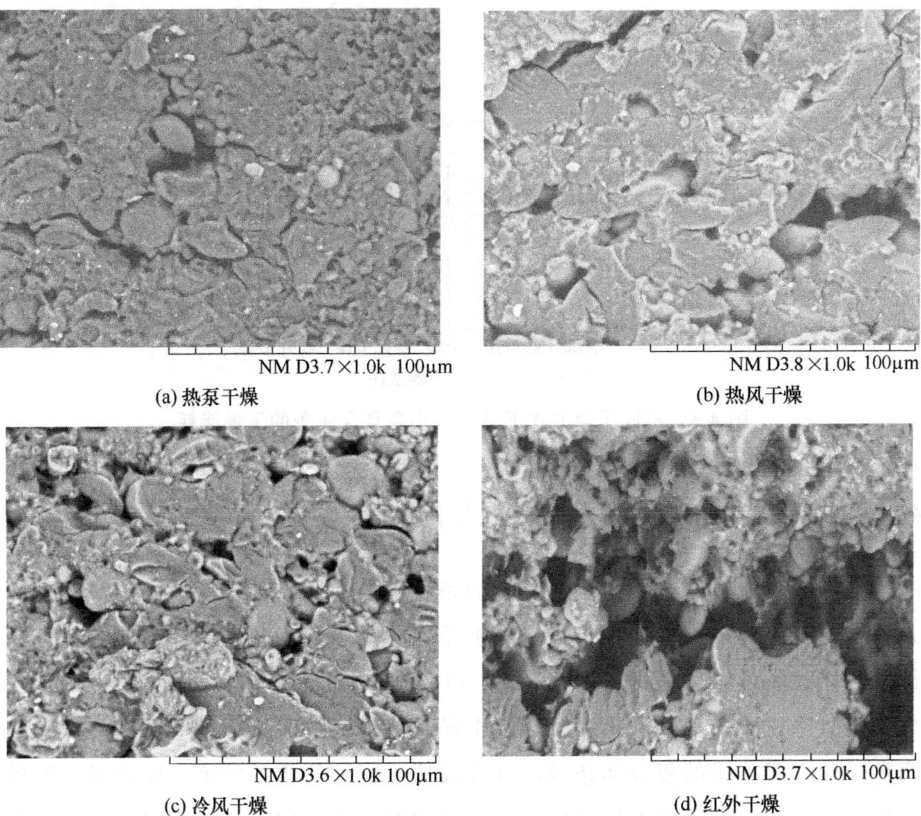

(a) 热泵干燥　(b) 热风干燥　(c) 冷风干燥　(d) 红外干燥

图 4-3 不同干燥方式马铃薯全粉复合面条的微观结构

结构孔隙较多，但孔隙大小却并不一致；图 4-3（c）冷风干燥的复合面条孔隙较为均匀且孔隙较小；图 4-3（d）红外干燥微观结构则出现了裂痕，这可能就是引起复合面条断条率较高的原因。因此热泵干燥的复合面条更为坚实，不容易出现断条。

4.4.7 干燥方式对复合面条干燥能耗的影响

干燥能耗是反映干燥是否节能的一个重要指标，干燥时间的长短、干燥功率的大小等因素都会影响其结果。如图 4-4 所示，干燥方式对于复合面条的干燥能耗影响较大，其中冷风干燥的干燥能耗最大，红外干燥和热风干燥次之，热泵干燥能耗最小，这与物料的干燥时间有关，冷风干燥时间最长，能耗最大，同时也与干燥所用的机器有关，所以热泵干燥能耗低于热风，红外干燥是电磁波辐射产生能量，效率较高，所以红外干燥时间虽然长，但是能耗低。

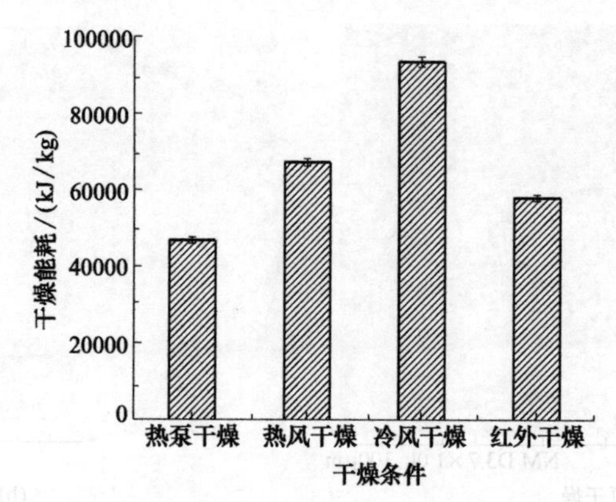

图 4-4 不同干燥方式下马铃薯小麦复合面条的干燥能耗

4.4.8 干燥方式对复合面条吸湿性的影响

不同干燥方式对马铃薯小麦复合面条吸湿性的影响如图 4-5 所示。对于面条而言，吸湿性越大，其生物稳定性越差，越易引起理化性质的变化，越不易储藏，使产品难以被消费者所接受。4 种干燥方式吸湿率从大到小顺序为：红外干燥＞冷风干燥＞热风干燥＞热泵干燥，热泵和热风干燥的吸湿率较低，这两种干燥方式干燥的复合面条吸水性能较低，能够稳定的储藏，而冷风和红外干燥制备的复合面条吸水性能较高，稳定性差，不易储存。这可能与复合面条的表面结构和孔隙直径有关，冷风干燥复合面条孔隙直径较大，红外干燥复合

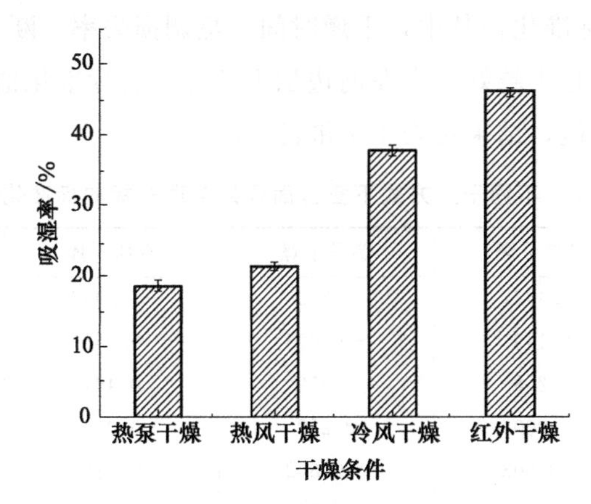

图 4-5 不同干燥方式对马铃薯小麦复合面条吸湿性的影响

面条内部有较大的裂痕且孔隙直径较大。因此，热风和热泵干燥方式吸湿率较小，较好。

4.4.9 不同干燥方式下复合面条品质的综合评分

以干燥时间、煮制吸水率、烹调损失率、断条率、白度、硬度、弹性、咀嚼性、干燥能耗、吸湿性为指标，运用变异系数法求出各项指标的平均值、标准差和变异系数，进而计算各指标的权重，结果见表 4-5。

表 4-5 不同干燥方式下复合面条各指标的权重

指标名称	平均值	标准差	变异系数	权重
干燥时间	240.000	44.72	0.186	0.030
煮制吸水率	139.163	26.880	0.193	0.031
烹调损失率	7.42	3.525	0.475	0.077
断条率	8.125	25.341	3.119	0.505
白度	86.708	5.361	0.062	0.010
硬度	4668.21	1029.456	0.221	0.036
弹性	0.76	0.167	0.220	0.036
咀嚼性	882.133	395.321	0.448	0.073
干燥能耗	66376.248	34524.638	0.520	0.084
吸湿性	30.876	22.687	0.735	0.119

由表 4-5 可以看出，断条率、吸湿性、干燥能耗、烹调损失率和咀嚼性这五个指标所占权重较大，其中断条率的权重最大。同时也表明干燥方式对这 5 个指标影响较大，这 5 个指标能够较好地体现干燥方式的好坏程度。

对热泵干燥、热风干燥、冷风干燥和红外干燥四种干燥方式所得复合面条的 10 个指标进行标准化，其中，干燥时间、烹调损失率、断条率、干燥能耗、吸湿性这几项指标越小越好，需在前边加上负号，将标准化值与各指标的权重相乘得到综合评分值，结果见表 4-6 和表 4-7。

表 4-6　不同干燥方式下复合面条的各项指标的标准化值

指标名称	热泵干燥	热风干燥	冷风干燥	红外干燥
干燥时间	0.447	1.342	−1.342	−0.447
煮制吸水率	0.149	−0.095	0.668	−0.723
烹调损失率	0.258	0.079	0.491	−0.828
断条率	0.000	0.222	0.000	−0.863
白度	−0.003	−0.802	0.532	0.273
硬度	0.569	0.015	0.211	−0.793
弹性	0.478	0.120	0.239	−0.837
咀嚼性	0.705	0.007	−0.002	−0.709
干燥能耗	0.567	−0.023	−0.787	0.244
吸湿性	0.541	0.422	−0.301	−0.662

表 4-7　不同干燥方式下复合面条的各项指标的综合评分

指标名称	热泵干燥	热风干燥	冷风干燥	红外干燥
干燥时间	0.013	0.040	−0.040	−0.013
煮制吸水率	0.005	−0.003	0.021	−0.022
烹调损失率	0.020	0.006	0.038	−0.064
断条率	0.162	0.112	0.162	−0.436
白度	0.001	−0.008	0.005	0.003
硬度	0.020	0.001	0.008	−0.029
弹性	0.017	0.004	0.009	−0.030
咀嚼性	0.051	0.001	0.000	−0.052
干燥能耗	0.048	−0.002	−0.066	0.020
吸湿性	0.064	0.050	−0.036	−0.079
综合评分	0.239	0.201	−0.062	−0.701

由表 4-7 中得到的不同干燥方式下复合面条的各指标的评分值可以较为直观地看出：热风干燥时间最短，冷风干燥煮制吸水率和白度最大，烹调损失率和断条率最小，热泵干燥断条率、干燥能耗和吸湿性最小，硬度、弹性和咀嚼性最大，红外干燥在各方面都不太理想。由综合评分值可以看出，热泵干燥的复合面条品质最优（综合评分：0.239），其次是热风干燥（综合评分：0.201），冷风干燥再次之（综合评分：−0.062），红外干燥的复合面条品质最差（综合评分：−0.701）。

4.5 本章小结

热泵干燥制备的复合面条能够较好地保证产品的质量，在煮制特性、TPA、剪切、微观结构、能耗和吸湿性等方面均有一定的优势，但在白度方面不及冷风干燥。热风干燥和冷风干燥制备的复合面条在煮制特性、TPA、剪切方面的品质还可以，但是效果不如热泵干燥，冷风干燥在白度上优势明显，但是干燥能耗较大，热风干燥的白度较差。红外干燥制备的复合面条在本试验的条件下，产品质量效果较差，而且断条严重，此试验条件下不适合用红外干燥复合面条。基于变异系数法求出，断条率、吸湿性、干燥能耗、烹调损失率和咀嚼性等指标所占权重较大，可为类似试验指标提供一定的参考价值，热泵干燥综合评分最高，在此试验条件下，热泵干燥的复合面条品质最好，因此，选择热泵干燥作为本试验条件下最佳的复合面条干燥方式。

第5章

马铃薯小麦复合面条热泵干燥特性及数学模型的研究

5.1 概述

干燥是一种以空气为介质，利用高温低湿的空气带走物料中的水分，使物料达到低湿的效果。传统的干燥技术直接把高温高湿的空气排出，而热泵干燥能够回收高温高湿空气这一部分的能量，重新进行利用，降低能耗的同时又提高了产品的质量，其作为一种现代干燥技术，具有高效节能的特点。另外热泵干燥还适合于热敏性物料的干燥，目前应用在众多领域，例如食品、农产品、木材、制药等行业。目前国外已有一些对于乌冬面、意大利面的干燥动力学研究，提出了干燥模型，但是国内对于面条的干燥还大多停留在其工艺研究上。本章主要研究热泵的温度、风速对马铃薯小麦复合面条干燥特性的影响，并建立相应的数学模型，以期为复合面条的热泵干燥规模化生产和控制提供依据。

5.2 材料与设备

5.2.1 材料与试剂

同第2章2.2.1。

5.2.2 仪器与设备

表5-1 主要仪器与设备

仪器名称	型号	生产厂家
热泵干燥机	GHRH-20	广东省农业机械研究所
电子天平	JA-B/N	上海佑科仪表有限公司

5.3 试验方法

5.3.1 试验设计

选取热泵干燥温度、风速为研究参数，对干燥特性的影响，建立相应的数学模型。每组试验重复 3 次。

① 干燥温度：设定风速为 1.5m/s，面条厚度为 1.5mm 为恒定条件，选取热泵干燥温度为 30℃、35℃、40℃、45℃、50℃，对马铃薯小麦复合面条的干燥特性进行研究。

② 干燥风速：设定温度为 40℃，面条厚度为 1.5mm 为恒定条件，选取热泵风速为 0.5m/s，1.0m/s，1.5m/s，2.0m/s，2.5m/s，对马铃薯小麦复合面条的干燥特性进行研究。

5.3.2 干基含水率及干燥速率的测定

同第 3 章 3.3.6。

5.3.3 有效水分扩散系数测定

同第 3 章 3.3.7。

5.3.4 活化能的测定

活化能原为一个化学名词，但可应用于干燥过程，表示一个干燥进程的发生所需要输入的最小能量，按式（5-1）进行计算：

$$D=D_0\exp\left(-\frac{E_a}{RT}\right) \tag{5-1}$$

式中，D 为有效水分扩散系数，（m^2/s）；D_0 为指数前因子，（m^2/s）；E_a 为活化能，（kJ/mol）；R 为摩尔气体常数，kJ/(mol · K)；T 为热力学温度，K。

将式（5-1）两边取自然对数得：

$$\ln D=\ln D_0-\frac{E_a}{RT} \tag{5-2}$$

由式（5-2）可以看出，$\ln D$ 与时间 $1/T$ 呈线性关系，活化能（E_a）可由其斜率求出。数据可由 Origin 8.5 拟合得出。

5.3.5 薄层干燥模型的选择

干燥是一个复杂的质热传递过程，一众学者经过多年研究得出多个干燥模型，试验选择了 7 种常用的薄层干燥模型进行复合面条热泵干燥动力学研究，如表 5-2 所示。

表 5-2 薄层干燥模型

序号	模型名称	模型方程
1	Newton	$MR=\exp(-kt)$
2	page	$MR=\exp(-kt^n)$
3	Hendersonand Pabis	$MR=a\exp(-kt)$
4	Two-term	$MR=a\exp(-kt)+b\exp(-k_1t)$
5	Logarithmic	$MR=a\exp(-kt)+c$
6	Midilli	$MR=a\exp(-kt^n)+bt$
7	Modified page	$MR=\exp[-(kt)^n]$

运用 7 种干燥模型对复合面条热泵干燥数据进行拟合，拟合程度的优劣用 R^2、χ^2 和 $RMSE$ 来表示，R^2 越大，$RMSE$ 和 χ^2 越小，说明拟合程度越好。R^2、χ^2 和 $RMSE$ 按式（5-3）～式（5-5）计算：

$$R^2=1-\frac{\sum_1^N(MR_{\mathrm{exp},i}-MR_{\mathrm{pre},i})^2}{\sum_1^N(\overline{MR_{\mathrm{exp}}}-MR_{\mathrm{pre},i})^2} \tag{5-3}$$

$$\chi^2=\frac{\sum_{i=1}^N(MR_{\mathrm{exp},i}-MR_{\mathrm{pre},i})^2}{N-n} \tag{5-4}$$

$$RMSE=\sqrt{\frac{\sum_{i=1}^N(MR_{\mathrm{exp},i}-MR_{\mathrm{pre},i})^2}{N}} \tag{5-5}$$

式中，$MR_{\mathrm{exp},i}$ 为第 i 个数据点试验值的水分比，$MR_{\mathrm{pre},i}$ 为第 i 个数据点模型预测的水分比；N 为试验组数；n 为常数项的个数。

5.4 结果与分析

5.4.1 不同温度对马铃薯小麦复合面条热泵干燥特性的影响

不同温度马铃薯小麦复合面条的干燥曲线和干燥速率图如图 5-1 所示。从

图 5-1（a）可以看出，在风速为 1.5m/s，温度为 30℃、35℃、40℃、45℃、50℃，面条干燥至终点所用时间分别为 300min、260min、220min、200min、160min。温度为 50℃ 所需干燥时间比 30℃缩短了 46.67%。从图 5-1（b）可以看出，面条的干燥过程只有降速阶段，属于内部扩散控制，温度为 50℃时，干燥速率最快，随着温度的降低，干燥速率下降，在干燥初期时，干燥速率相差较大，干燥的中后期阶段，干燥速率差异明显减小，后期基本相同，由此说明温度对干燥时间的影响十分显著。随着热泵干燥温度的不断提高，复合面条与热空气之间的温差也在增大，物料内部的压力梯度不断变大，最终致使热流密度加大，有效提升传热速率；同时，温度的提升能够降低相对湿度并加快物料中水分的气化速度，从而提高了蒸气压差，加快了水分的蒸发，提高了传质速率；提高干燥温度还使复合面条温度随之上升，内部水分子运动加剧，提高内部扩散速率。因此，提升温度能够有效提高复合面条热泵干燥的效率。

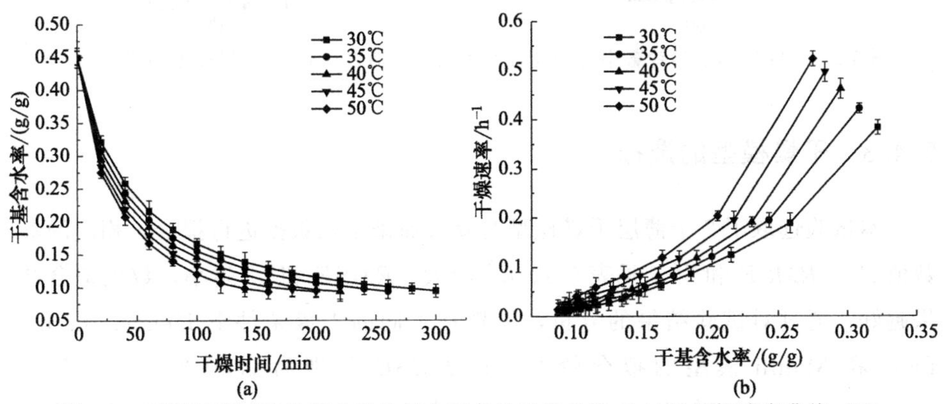

图 5-1 不同温度下马铃薯小麦粉复合面条的干燥曲线（a）及干燥速率曲线（b）

5.4.2 不同风速对马铃薯小麦复合面条热泵干燥特性的影响

不同风速马铃薯小麦复合面条的干燥曲线和干燥速率图如图 5-2 所示。从图 5-2（a）可以看出，在温度为 40℃，风速为 0.5m/s、1.0m/s、1.5m/s、2.0m/s、2.5m/s，面条干燥至终点所用时间分别为 240min、220min、200min、180min、160min。风速为 2.5m/s 所需干燥时间比 0.5m/s 缩短了 33.33%。由图 5-2（b）可见，物料脱水速率随着风速的提高而有所上升。在复合面条的热泵干燥过程中，热空气既作为热量的载热体，又作为水分的载湿体，对于物料的传质起到了非常重要的作用。热空气只是通过对流的方式对物料进行干燥，因而风速增大时，对流加强，物料表面的湍动变得激烈，边界层变薄，表面扩散阻力变小，干燥速率加快，因为风速的变化对于物料表面的质热传递影响较大，对物料内部骨架的影响较小，而面条属于致密型食品原料，其内部扩散阻力要远大于表面蒸发阻力，内部传质过程决定整个干燥的干燥速率，风速对干燥速率的影响明显没有温度大。

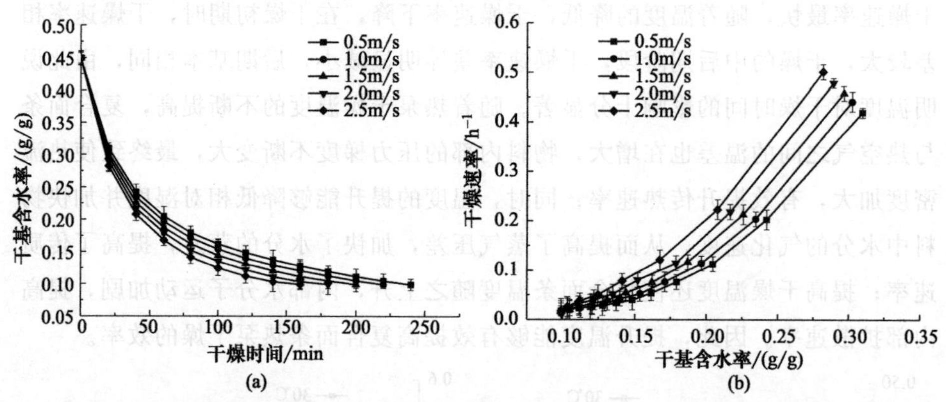

图 5-2 不同风速下马铃薯小麦粉复合面条的干燥曲线（a）及干燥速率曲线（b）

5.4.3 干燥模型的选择

本试验选取了 7 个薄层干燥模型对复合面条干燥数据进行拟合，相应的参数值 R^2、*RMSE* 和 χ^2，见表 5-3。R^2 越大、*RMSE* 和 χ^2 越小，数据拟合结果越好，通过对试验结果的分析，发现在不同的干燥条件下 Henderson and Pabis 和 Midilli 模型的拟合较好，且 *RMSE* 分别为 0.0012～0.0057 和 0.0001～0.0015，χ^2 分别为 1.05×10^{-4}～8.52×10^{-5} 和 1.89×10^{-5}～3.48×10^{-7} 均较优，说明这 2 个模型的拟合效果较好。对比这 2 个模型的各个指标参数，考虑到拟合效果和实际条件，选择 Midilli 模型作为热泵干燥模型，为马铃薯小麦复合面条的干燥工厂化提供理论和数据依据。将 Midilli 模型的试验值和拟合值进行比较，如图 5-3 所示。

表 5-3 各薄层干燥模型的统计分析结果

模型	风速/(m/s)	温度/℃	R^2	χ^2	*RMSE*	模型系数
Newton	1.5	30	0.9788	7.4429×10^{-4}	0.0955	$k=2.9353\times10^{-4}$
		35	0.9751	8.2577×10^{-4}	0.0624	$k=3.3671\times10^{-4}$
		40	0.9718	8.9438×10^{-4}	0.0556	$k=3.8188\times10^{-4}$
		45	0.9769	6.9646×10^{-4}	0.0768	$k=4.3780\times10^{-4}$
		50	0.9816	5.7430×10^{-4}	0.0884	$k=4.9513\times10^{-4}$

续表

模型	风速/(m/s)	温度/℃	R^2	χ^2	$RMSE$	模型系数
Newton	0.5	40	0.9538	0.0015	0.0571	$k=3.2323\times10^{-4}$
	1.0		0.9603	0.0013	0.0663	$k=3.5504\times10^{-4}$
	1.5		0.9716	9.1201×10^{-4}	0.0615	$k=3.9255\times10^{-4}$
	2.0		0.9797	6.5709×10^{-4}	0.0472	$k=4.3352\times10^{-4}$
	2.5		0.9878	3.9712×10^{-4}	0.0638	$k=4.8167\times10^{-4}$
Page	1.5	30	0.9974	9.0429×10^{-5}	0.0025	$k=0.0012, t=0.8288$
		35	0.9963	1.2206×10^{-4}	0.0034	$k=0.0015, t=0.8233$
		40	0.9952	1.5136×10^{-4}	0.0041	$k=0.0017, t=0.8174$
		45	0.9947	1.5717×10^{-4}	0.0054	$k=0.0016, t=0.8348$
		50	0.9915	2.6318×10^{-4}	0.0083	$k=0.0014, t=0.8704$
	0.5	40	0.9934	1.8553×10^{-4}	0.0079	$k=0.0020, t=0.7787$
	1.0		0.9949	1.6271×10^{-4}	0.0061	$k=0.0019, t=0.7918$
	1.5		0.9956	1.3858×10^{-4}	0.0037	$k=0.0017, t=0.8209$
	2.0		0.9923	1.5242×10^{-4}	0.0063	$k=0.0014, t=0.8504$
	2.5		0.9957	1.3785×10^{-4}	0.0032	$k=0.0012, t=0.8841$
Hender and Pabis	1.5	30	0.9981	6.5396×10^{-5}	0.0017	$a=0.8399, k=2.4589\times10^{-4}$
		35	0.9979	6.9694×10^{-5}	0.0021	$a=0.8245, k=2.7736\times10^{-4}$
		40	0.9984	4.9787×10^{-5}	0.0012	$a=0.8108, k=3.1026\times10^{-4}$
		45	0.9984	4.7556×10^{-5}	0.0013	$a=0.8177, k=3.6081\times10^{-4}$
		50	0.9953	1.4358×10^{-4}	0.0042	$a=0.8439, k=4.2291\times10^{-4}$
	0.5	40	0.9949	2.2860×10^{-4}	0.0052	$a=0.7905, k=2.5333\times10^{-4}$
	1.0		0.9949	1.6311×10^{-4}	0.0057	$a=0.7964, k=2.8150\times10^{-4}$
	1.5		0.9961	1.2495×10^{-4}	0.0034	$a=0.8176, k=3.2123\times10^{-4}$
	2.0		0.9967	1.0497×10^{-4}	0.0029	$a=0.8381, k=3.6544\times10^{-4}$
	2.5		0.9973	8.5238×10^{-5}	0.0022	$a=0.8683, k=4.2209\times10^{-4}$
Two-term	1.5	30	0.9986	4.8322×10^{-5}	0.0012	$a=0.3824, k=0.0019, b=0.7961, k_1=2.3631\times10^{-4}$
		35	0.9988	4.0042×10^{-5}	0.0011	$a=201.76, k=0.0074, b=0.7854, k_1=2.6707\times10^{-4}$
		40	0.9983	5.4138×10^{-5}	0.0015	$a=624.29, k=0.0095, b=0.7994, k_1=1.3132\times10^{-5}$
		45	0.9979	6.3408×10^{-5}	0.0018	$a=-41.63, k=0.0068, b=0.8178, k_1=3.6082\times10^{-4}$
		50	0.9979	6.2116×10^{-5}	0.0019	$a=-109.11, k=0.3829, b=0.8306, k_1=4.1331\times10^{-4}$
	0.5	40	0.9955	1.4717×10^{-4}	0.0041	$a=2.3082, k=0.0030, b=0.7146, k_1=2.3443\times10^{-4}$
	1.0		0.9962	1.2231×10^{-4}	0.0036	$a=698.94, k=0.0080, b=0.7318, k_1=2.6426\times10^{-4}$
	1.5		0.9948	1.6661×10^{-4}	0.0059	$a=-81.81, k=0.5109, b=0.8177, k_1=3.2124\times10^{-4}$
	2.0		0.9955	1.4697×10^{-4}	0.0042	$a=-41.24, k=0.0680, b=0.8382, k_1=3.6545\times10^{-4}$
	2.5		0.9960	1.2786×10^{-4}	0.0034	$a=-109.11, k=0.0383, b=0.8683, k_1=4.2209\times10^{-4}$

续表

模型	风速/(m/s)	温度/℃	R^2	χ^2	*RMSE*	模型系数
Logarithmic	1.5	30	0.9981	6.7191×10^{-5}	0.0013	$a=0.8379, k=2.4095\times10^{-4}, c=-0.0040$
		35	0.9981	6.2934×10^{-5}	0.0012	$a=0.8201, k=2.6625\times10^{-4}, c=-0.0079$
		40	0.9990	3.0552×10^{-5}	0.0009	$a=0.8046, k=2.9269\times10^{-4}, c=-0.0112$
		45	0.9995	1.4487×10^{-5}	0.0004	$a=0.8078, k=3.3642\times10^{-4}, c=-0.0129$
		50	0.9989	3.5046×10^{-5}	0.0010	$a=0.8233, k=3.6976\times10^{-4}, c=-0.0258$
	0.5	40	0.9952	2.5368×10^{-4}	0.0034	$a=0.7899, k=2.5149\times10^{-4}, c=-0.0014$
	1.0		0.9943	1.8108×10^{-4}	0.0058	$a=0.7946, k=2.7587\times10^{-4}, c=-0.0039$
	1.5		0.9958	1.3491×10^{-4}	0.0046	$a=0.8135, k=3.1022\times10^{-4}, c=-0.0067$
	2.0		0.9973	8.5981×10^{-5}	0.0035	$a=0.8279, k=3.3988\times10^{-4}, c=-0.0014$
	2.5		0.9988	3.8275×10^{-5}	0.0017	$a=0.8517, k=3.8501\times10^{-4}, c=-0.0017$
Midilli	1.5	30	0.9999	4.6413×10^{-6}	0.0001	$a=1.0158, k=0.0020, n=0.7689, b=-1.4962\times10^{-6}$
		35	0.9997	9.5117×10^{-6}	0.0003	$a=1.0040, k=0.0023, n=0.7635, b=-1.9301\times10^{-6}$
		40	0.9994	2.0430×10^{-5}	0.0006	$a=0.8828, k=9.4129\times10^{-4}, n=0.0801, b=-4.0792\times10^{-7}$
		45	0.9994	1.8916×10^{-5}	0.0006	$a=0.7999, k=3.4785\times10^{-4}, n=0.9991, b=-1.0037\times10^{-6}$
		50	0.9985	4.7417×10^{-5}	0.0015	$a=0.7766, k=2.5489\times10^{-4}, n=1.0483, b=-1.9897\times10^{-6}$
	0.5	40	0.9999	2.6906×10^{-6}	0.0001	$a=2.0222, k=0.0783, n=0.3850, b=-6.1391\times10^{-6}$
	1.0		0.9999	1.8953×10^{-6}	0.0001	$a=1.6029, k=0.0359, n=0.4699, b=-5.4021\times10^{-6}$
	1.5		0.9999	3.4817×10^{-7}	0.0001	$a=1.4649, k=0.0216, n=0.5329, b=-4.9169\times10^{-6}$
	2.0		0.9998	7.1061×10^{-6}	0.0001	$a=1.2422, k=0.0091, n=0.6339, b=-4.5566\times10^{-6}$
	2.5		0.9998	6.2813×10^{-6}	0.0002	$a=1.0689, k=0.0031, n=0.7658, b=-3.7115\times10^{-6}$

续表

模型	风速/(m/s)	温度/℃	R^2	χ^2	$RMSE$	模型系数
Modified page	1.5	30	0.9974	8.9903×10^{-5}	0.0032	$k=3.0992\times10^{-4}$, $n=0.8328$
		35	0.9963	1.2175×10^{-4}	0.0041	$k=3.5701\times10^{-4}$, $n=0.8263$
		40	0.9953	1.5056×10^{-4}	0.0053	$k=4.0624\times10^{-4}$, $n=0.8223$
		45	0.9948	1.5620×10^{-4}	0.0059	$k=4.6321\times10^{-4}$, $n=0.8405$
		50	0.9912	2.6240×10^{-4}	0.0096	$k=5.1676\times10^{-4}$, $n=0.8754$
	0.5	40	0.9940	1.9528×10^{-4}	0.0051	$k=3.4854\times10^{-4}$, $n=0.7812$
	1.0		0.9945	1.6241×10^{-4}	0.0059	$k=3.8096\times10^{-4}$, $n=0.7947$
	1.5		0.9957	1.3842×10^{-4}	0.0047	$k=4.1635\times10^{-4}$, $n=0.8230$
	2.0		0.9953	1.5227×10^{-4}	0.0042	$k=4.5507\times10^{-4}$, $n=0.8524$
	2.5		0.9958	1.3717×10^{-4}	0.0050	$k=4.9919\times10^{-4}$, $n=0.8887$

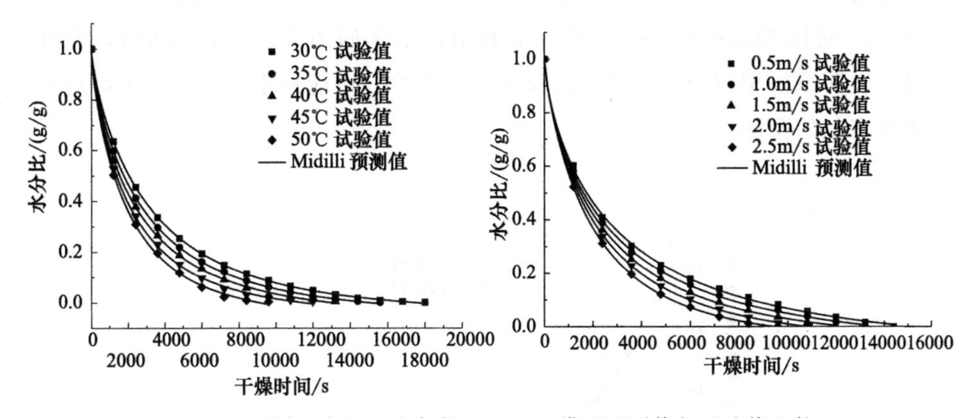

图 5-3 不同温度和风速条件下 Midilli 模型预测值与试验值比较

5.4.4 Midilli 模型的求解与验证

Midilli 模型中的干燥常数 a、k、n 和 b 与复合面条干燥的温度（T,℃）和风速（v，m/s）相关，是温度和风速的函数。为得出温度和风速对模型的影响，拟采用二次多项式逐步回归拟合干燥参数。设定 a、k、n 和 b 的公式如下：

$$a=A_0+A_1T+A_2v+A_3Tv+A_4T^2+A_5v^2$$

$$k=B_0+B_1T+B_2v+B_3Tv+B_4T^2+B_5v^2$$

$$n=C_0+C_1T+C_2v+C_3Tv+C_4T^2+C_5v^2$$

$$b=D_0+D_1T+D_2v+D_3Tv+D_4T^2+D_5v^2$$

求解得到如下结果：

$a=7.7029-7.9092v-0.0031T^2+0.4272v^2+0.1544Tv$

$k=0.30178-0.3506v-0.0001T^2+0.0318v^2+0.0055Tv$

$n=-6.9556+9.3495v+0.0046T^2+0.0678v^2-0.2342Tv$

$b=-0.00001015+0.000009269v-0.000002823v^2$

$$MR(a,k,b,n)=a\exp(-ktn)+bt \tag{5-6}$$

将 a、k、n、b 代入式（5-6），得到马铃薯小麦粉复合面条热泵干燥的 Midilli 最终模型。

5.4.5 干燥模型的验证

为进一步对 Midilli 模型进行验证，本试验选取干燥条件为 40℃、1.5m/s，对比 Midilli 模型预测值和试验值，结果如图 5-4 所示，其吻合程度较高，说明该模型较为适合复合面条的干燥规律，可应用于复合面条干燥过程中水分变化的预测。

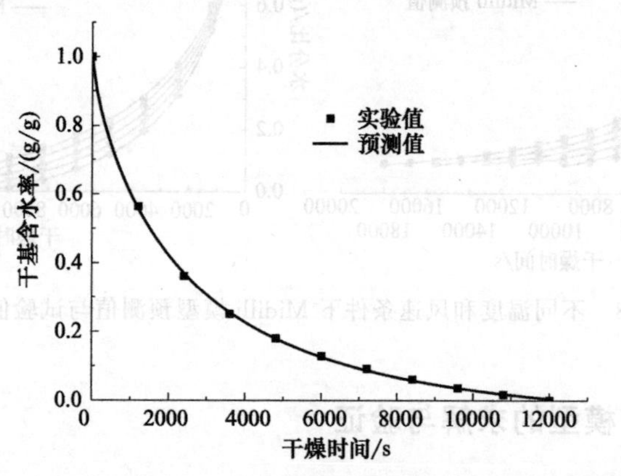

图 5-4 40℃、1.5m/s 条件下 Midilli 模型的试验值与预测值比较

5.4.6 有效水分扩散系数和活化能的确定

马铃薯小麦复合面条的有效水分扩散系数如表 5-4 所示，有效水分扩散系数范围为 $8.1138\times10^{-10}\sim2.0052\times10^{-9}$ m^2/s，在食品干燥的有效水分扩散系数 $10^{-12}\sim10^{-8}$ m^2/s 的范围内。温度为 30℃、35℃、40℃、45℃、50℃时，复合面条的有效水分扩散系数分别为 $1.2057\times10^{-9}m^2/s$、$1.3546\times10^{-9}m^2/s$、$1.4559\times10^{-9}m^2/s$、$1.7103\times10^{-9}m^2/s$、2.0052×10^{-9} m^2/s，风速为 1.0m/s、1.5m/s、2.0m/s、2.5m/s、3.0m/s 时，复合面条的有效水

分扩散系数分别为 $8.1138\times10^{-10}m^2/s$、$9.0920\times10^{-10}m^2/s$、$1.135\times10^{-9}m^2/s$、$1.3823\times10^{-9}m^2/s$、$1.4422\times10^{-9}m^2/s$。在干燥过程中，温度和风速的提高，能够有效地加快复合面条的质热传递，所以随着温度和风速的增加，马铃薯小麦复合面条的有效水分扩散系数有所提升，由此说明温度和风速能够强化马铃薯小麦复合面条的传质传热行为，在实际应用中，可通过调节温度和风速实现干燥过程的改变。

表 5-4 不同条件下马铃薯小麦复合面条的有效水分扩散系数

试验条件		有效水分扩散系数/(m^2/s)
温度/℃	30	1.2057×10^{-9}
	35	1.3546×10^{-9}
	40	1.4559×10^{-9}
	45	1.7103×10^{-9}
	50	2.0052×10^{-9}
风速/(m/s)	1.0	8.1138×10^{-10}
	1.5	9.0920×10^{-10}
	2.0	1.135×10^{-9}
	2.5	1.3823×10^{-9}
	3.0	1.4422×10^{-9}

将 $\ln D_{eff}$ 和 $1/T$ 曲线进行线性拟合，通过拟合直线的斜率，计算出马铃薯小麦复合面条热泵干燥的活化能，E_a 为 21.16kJ/mol（$R^2=0.93$）。杨玲的研究表明在甘蓝型油菜籽热风干燥过程中活化能为 29.26kJ/mol，张茜等的研究结果显示哈密瓜片的气体射流冲击干燥活化能为 29.44kJ/mol，尹晓峰等发现稻谷薄层热风干燥活化能为 47.1kJ/mol。马铃薯小麦复合面条热泵干燥的活化能与热风、气体射流冲击干燥相比，活化能较低，用热泵进行干燥，能够减小能耗，起到节能减排的绿色效果。

5.5 本章小结

马铃薯小麦复合面条在热泵干燥中表现为降速阶段，没有明显的恒速过程。干燥时间随着温度和风速的增大而减小，因为面条属于致密型物料，内部扩散为主要水分扩散途径，所以温度对于干燥的影响明显比风速大，干燥的强化可以着重在温度方面。

对不同的干燥模型进行拟合，数据显示 Henderson and Pabis 和 Midilli 能够较好地反映干燥过程，但是 Midilli 模型最佳。同时对 Midilli 模型进行了求解及验证，结果表明Midilli模型能较好地预测复合面条热泵干燥过程中水分比和干燥速率的变化规律。

马铃薯小麦复合面条的有效水分扩散系数与温度和风速呈正相关，活化能较低，为21.16kJ/mol，热泵干燥能够有效地较少能耗，起到节能减排效果。

本篇参考文献

[1] 张千友，王万疆，廖武霜．马铃薯主粮化与产业开发研究综述［J］．西昌学院学报（自然科学版），2016，30（2）：1-5.

[2] 聂涛．马铃薯主粮化战略分析［J］．现代农业科技，2016（6）：302-303.

[3] 刘小林．马铃薯主粮化对粮食安全的积极影响及建议［J］．农村经济与科技，2015（11）：9-11.

[4] 陈小青．“小土豆”牵动大战略——三问马铃薯主粮化战略［J］．农村农业农民（A版），2015（2）：14-16.

[5] 王兴宗，张陇娟．论马铃薯主粮化战略的现实困境与实现路径［J］．粮食问题研究，2016（4）：58-60.

[6] 庞昭进，郭安强，王有增，等．发展我国马铃薯主粮化的建议［J］．河北农业科学，2015（3）：106-108.

[7] 冯永平．马铃薯主粮化进程中的政府职能研究［D］．北京：中国社会科学院研究生院，2017.

[8] 符绍鹏．马铃薯主粮化前景堪忧［J］．中国农业文摘-农业工程，2017，29（3）：21-24.

[9] 何贤用，杨松．马铃薯主粮化与马铃薯全粉及其生产线［J］．食品工业科技，2015，36（24）：378-379.

[10] 王金秋，武舜臣．马铃薯主粮化战略的动力、障碍与前景［J］．农业经济，2018（4）：17-19.

[11] 梁岩．马铃薯主粮化的路径探索［J］．中国粮食经济，2015（3）：26-29.

[12] 马云倩，王秀丽，孙君茂，等．基于熵权秩和比法的马铃薯营养价值评价研究［J］．中国农业科技导报，2016，18（6）：175-180.

[13] 李泽东．马铃薯馒头加工新技术研究［D］．泰安：山东农业大学，2017.

[14] 陈玲，赵月，张攀峰，等．不同品种马铃薯淀粉的结构［J］．华南理工大学学报（自然科学版），2013，41（1）：133-138.

[15] 黄越．马铃薯块茎营养及蒸食品质的评价与优良材料的筛选［D］．哈尔滨：东北农业大学，2017.

[16] 赵凤敏，李树君，张小燕，等．不同品种马铃薯的氨基酸营养价值评价［J］．中国粮油学报，2014，29（9）：13-18.

[17] 宋国安．马铃薯的营养价值及开发利用前景［J］．河北工业科技，2004，21（4）：55-58.

[18] 韩克．马铃薯膳食纤维理化性质及其加工研究［D］．杨凌：西北农林科技大学，2017.

[19] 梁悦．小麦生物学产量与营养价值评价［D］．泰安：山东农业大学 2017.

[20] Spitler J D，Gehlin S E A. Thermal response testing for ground source heat pump systems—An historical review［J］. Renewable & Sustainable Energy Reviews，2015，50：1125-1137.

[21] Castellpalou Á, Simal S. Heat pump drying kinetics of a pressed type cheese [J]. LWT - Food Science and Technology, 2011, 44 (2): 489-494.

[22] Yun D, Zhao Y. Effect of pulsed vacuum and ultrasound osmopretreatments on glass transition temperature, texture, microstructure and calcium penetration of dried apples (Fuji) [J]. LWT - Food Science and Technology, 2008, 41 (9): 1575-1585.

[23] 林羡，邓彩玲，徐玉娟，等. 不同高温热泵干燥条件对龙眼干品质的影响 [J]. 食品科学，2014，35 (4): 30-34.

[24] 罗磊，支梓鉴，刘云宏，等. 苹果片气调热泵干燥特性及数学模型 [J]. 食品科学，35 (5): 1-3.

[25] 杨玲. 甘蓝型油菜籽热风干燥传热传质特性及模型研究 [D]. 重庆：西南大学，2014.

[26] 李菁，萧夏，蒲晓璐，等. 紫薯热风干燥特性及数学模型 [J]. 食品科学，2012，33 (15): 90-94.

[27] 李汴生，刘伟涛，李丹丹，等. 糖渍加应子的热风干燥特性及其表达模型 [J]. 农业工程学报，2009，25 (11): 330-335.

[28] 尹晓峰，杨明金，李光林，等. 稻谷薄层热风干燥工艺优化及数学模型拟合 [J]. 食品科学，2017，38 (8): 198-205.

[29] 吴中华，李文丽，赵丽娟，等. 枸杞分段式变温热风干燥特性及干燥品质 [J]. 农业工程学报，2015，31 (11): 287-293.

[30] 王文明，陈红意，赵满全. 提高紫花苜蓿热风干燥品质的工艺参数优化 [J]. 农业工程学报，2015，31 (z1): 337-345.

[31] 孙丽雯，刘倩，侯丽丽，等. 冷风干燥对扇贝柱品质及结构的影响 [J]. 农产品加工（学刊），2013 (24): 1-4.

[32] 吴靖娜，陈晓婷，位绍红，等. 液熏鲍冷风干燥工艺优化及贮藏期的研究 [J]. 渔业现代化，2016，43 (4): 51-58.

[33] 任广跃，刘军雷. 香椿芽热泵式冷风干燥模型及干燥品质研究 [J]. 食品科学，2016，37 (23): 13-19.

[34] 刘倩，高澄宇，黄金发. 鲍鱼冷风干燥和自然晾晒试验的比较分析 [J]. 渔业现代化，2012，39 (4): 42-47.

[35] 李晓芳，刘云宏，马丽婷，等. 远红外辐射温度对金银花干燥特性及品质的影响 [J]. 食品科学，2017，38 (15): 69-76.

[36] Almeida M, Torrance K E, Datta A K. Measurement of Optical Properties of Foods in Near-and Mid-Infrared Radiation [J]. International Journal of Food Properties, 2006, 9 (4): 651-664.

[37] Ponkham K, Meeso N, Soponronnarit S, et al. Modeling of combined far-infrared radiation and air drying of a ring shaped-pineapple with/without shrinkage [J]. Food & Bioproducts Processing, 2012, 90 (2): 155-164.

[38] Khir R, Pan Z, Salim A, et al. Moisture diffusivity of rough rice under infrared radiation drying [J]. LWT - Food Science and Technology, 2011, 44 (4): 1126-1132.

[39] 汪磊，李飞，朱波，等. 莜麦馒头配方研究 [J]. 中国粮油学报，2013，28 (1)：27-30.

[40] Ism Z，Yamauchi H，Kim S J，et al. RVA study of mixtures of wheat flour and potato starches with different phosphorus contents [J]. Food Chemistry，2007，102 (4)：1105-1111. DOI：10. 1016/j. foodchem. 2006. 06. 056.

[41] F Xu，HH Hu，CJ Zhang，et al. Effects of different types of proteins on the eating quality of potato noodles [J]. Modern Food Science and Technology，2015，(12)：269-276. DOI：10. 13982/j. mfst. 1673-9078. 2015. 12. 040.

[42] Yadav B. S.，Yadav R. B.，Kumari M.，et al. Studies on suitability of wheat flour blends with sweet potato，colocasia and water chestnut flours for noodle making [J]. LWT - Food Science and Technology，2014，57：352-358. DOI：org/10. 1016/j. lwt. 2013. 12. 042.

[43] Silva E.，Birkenhake M.，Scholten E.，et al. Controlling rheology and structure of sweet potato starch noodles with high broccoli powder content by hydrocolloids [J]. Food Hydrocolloids，2013，30：42-52. DOI：org/10. 1016/j. foodhyd. 2012. 05. 002.

[44] Ma Y J，Guo X D，Liu H，et al. Cooking，textural，sensorial，and antioxidant properties of common and tartary buckwheat noodles [J]. Food Science & Biotechnology，2013，22 (1)：153-159. DOI：10. 1007/s10068-013-0021-0.

[45] 潘锋，杨清香，葛亮，等. 马铃薯颗粒全粉加工工艺研究 [J]. 食品科技，2008，33 (9)：28-30.

[46] 孙彩玲，田纪春，张永祥. 质构仪分析法在面条品质评价中的应用 [J]. 实验技术与管理，2007，24 (12)：40-43.

[47] 郝天雪，宋海慧，崔琳，等. 大豆根瘤的扫描电镜观察 [J]. 电子显微学报，2017，36 (2)：167-172. DOI：10. 3969/j. issn. 1000-6281. 2017. 02. 011.

[48] 杨慧娟，韩敏义，邹玉峰，等. 低场核磁共振研究高压处理对乳化肠特性的影响 [J]. 食品科学，2014，35 (17)：53-57.

[49] 刘美迎，李小龙，梁茁，等. 基于模糊数学和聚类分析的鲜食葡萄品种综合品质评价 [J]. 食品科学，2015，36 (13)：57-64.

[50] 段续，刘文超，任广跃，等. 双孢菇微波冷冻干燥特性及干燥品质 [J]. 农业工程学报，2016，32 (12)：295-302.

[51] 刘春泉，林美娟，宋江峰，等. 基于模糊数学的糯玉米汁感官综合评价方法 [J]. 江苏农业科学，2012，40 (2)：197-199.

[52] 李逸鹤. 面粉粒度分布对面团特性及馒头品质的影响 [D]. 郑州：河南工业大学，2006：21-26.

[53] 陈志成. 面粉质量和粒度对主食馒头品质影响机理的研究 [J]. 粮食加工，2007，32 (5)：19-22.

[54] 陈成，温纪平，王晓曦，等. 不同面粉粗细度对馒头品质的影响 [J]. 粮食与油脂，2015 (10)：39-43.

[55] 杨艳虹，王秀忠，檀革宝，等. 不同粒度小麦粉的理化特性研究 [J]. 粮食加工，2009，34 (2)：19-22.

[56] 刘强，田建珍，李佳佳. 小麦粉粒度对其糊化特性影响的研究 [J]. 现代面粉工业，2012，26

(6): 16-20.

[57] CAI Liming, CHOI I, HYUN J N, et al. Influence of bran particle size on bread-baking quality of whole grain wheat flour and starch retrogradation [J]. Cereal Chemistry, 2014, 91 (1): 65-71.

[58] CHOI H W, BAIK B K. Significance of wheat flour particle size on sponge cake baking quality [J]. Cereal Chemistry, 2013, 90 (2): 150-156.

[59] LIU Ting, HOU G G, LEE B, et al. Effects of particle size on the quality attributes of reconstituted whole-wheat flour and tortillas made from it [J]. Journal of Cereal Science, 2016, 71: 145-152.

[60] ÁRPÁD TÓTH, JÓZSEF PROKISCH, PÉTER SIPOS, et al. Effects of particle size on the quality of winter wheat flour, with a special focus on macro-and microelement concentration [J]. Communications in Soil Science and Plant Analysis, 2006, 37: 2659-2672.

[61] 刘锐，武亮，张影全，等. 基于低场核磁和差示量热扫描的面条面团水分状态研究 [J]. 农业工程学报，2015，31 (9): 288-294.

[62] LIU Y H, SUN Y, MIAO S, et al. Drying characteristics of ultrasound assisted hot air drying of Flos Lonicerae [J]. Journal of Food Science and Technology, 2015, 52 (8): 4955-4964.

[63] 李露露，赵礼真，胡慧慧，等. 燕麦马铃薯复合挂面成型机制研究 [J]. 粮食与饲料工业，2017 (7): 30-35.

[64] LONCIN M, MERSON R L. Food engineering, principles and selected applications [M]. New York: Academic Press, 1979.

[65] 张卫鹏，肖红伟，高振江，等. 中短波红外联合气体射流干燥提高茯苓品质 [J]. 农业工程学报，2015，31 (10): 269-276.

[66] 刘云宏，孙悦，王乐颜，等. 超声波强化热风干燥梨片的干燥特性 [J]. 食品科学，2015，36 (9): 1-6.

[67] Bharath Kumar S, Prabhasankar P . A study on noodle dough rheology and product qualitycharacteristics of fresh and dried noodles as influenced by lowglycemic index ingredient [J]. Journal of Food Science & Technology, 2015, 52 (3): 1404.

[68] Lee K Y, Park S Y, Lee S, et al. Suitability of TEMPO-oxidized oatβ-glucan for noodle preparation [J]. Food Science and Biotechnology, 2014, 23 (6): 1897-1901.

[69] 魏益民，王杰，张影全，et al. 挂面的干燥特性及其与干燥条件的关系 [J]. 中国食品学报，2017，17 (1): 62-68.

[70] 刘锐，魏益民，张波. 基于统计过程控制 (SPC) 的挂面加工过程质量控制 [J]. 食品科学，2013，34 (8): 43-47.

[71] 王杰. 挂面干燥工艺及过程控制研究 [D]. 北京：中国农业科学院，2014.

[72] 张天泽，刘建学. 基于 Weibull 函数的玉米冷风干燥实验研究 [J]. 食品工业科技，2016，37 (17): 101-105.

[73] 门宝辉，赵燮京，梁川. 基于变异系数权重的水质评价属性识别模型 [J]. 郑州大学学报 (理学版)，2003，35 (3): 86-89. DOI: 10. 3969/j. issn. 1671-6841. 2003. 03. 023.

[74] 李澄非，田果，董超俊，等．基于变异系数法的工业产品表面缺陷快速检测应用研究［J］．化工学报，2018（3）：1238-1243.
[75] 李卓瓦．质构仪在面条品质测定中的应用［J］．农产品加工（学刊），2008，2008（7）：188-189.
[76] 陈瑞娟，毕金峰，陈芹芹，等．不同干燥方式对胡萝卜粉品质的影响［J］．食品科学，2014，35（11）：48-53.
[77] 霍树春，李锋，李建科，等．不同比表面积山梨醇粉体的吸湿性实验研究［J］．食品科学，2007，28（9）：83-85.
[78] 任广跃，刘亚男，乔小全，等．基于变异系数权重法对怀山药干燥全粉品质的评价［J］．食品科学，2017，38（1）：53-59.
[79] 夏鹏飞，马肖，汪洁，等．基于变异系数权重的模糊物元模型评价黄管秦艽药材的质量［J］．中国现代应用药学，2018，35（4）．461-466.
[80] 杨韦杰，唐道邦，徐玉娟，等．荔枝热泵干燥特性及干燥数学模型［J］．食品科学，2013，34（11）：104-108.
[81] 石启龙，赵亚，李兆杰，等．热泵干燥过程中竹荚鱼水分迁移特性［J］．农业机械学报，2010，41（2）：122-126.
[82] 宋小勇，常志娟，苏树强，等．远红外辅助热泵干燥装置性能实验［J］．农业机械学报，2012，43（5）：136-141.
[83] Villeneuve S，Gélinas P．Drying kinetics of whole durum wheat pasta according to temperature and relative humidity［J］．Lwt - food science and technology，2007，40（3）：465-471.
[84] Inazu T，Iwasaki K I，Furuta T．Effect of temperature and relative humidity on drying kinetics of fresh japanese noodle（udon）［J］．Lebensmittel-wissenschaft und-technologie，2002，35（8）：649-655.
[85] 王杰，张影全，刘锐，等．挂面干燥工艺研究及其关键参数分析［J］．中国粮油学报，2014，29（10）：88-93
[86] 杨玲．甘蓝型油菜籽热风干燥传热传质特性及模型研究［D］．重庆：西南大学，2014.
[87] 杨爱金，刘璇，毕金峰，等．食品干燥过程中水分扩散特性的研究进展［J］．食品与机械，2012，28（5）：247-250.
[88] 孟岳成，王君，房升，等．熟化红薯热风干燥特性及数学模型适用性［J］．农业工程学报，2011，27（7）：387-392.
[89] 刘云宏，苗帅，孙悦，等．接触式超声强化热泵干燥苹果片的干燥特性［J］．农业机械学报，2016（2）：228-236.

第二篇

马铃薯-燕麦复合面条成型及其干燥特性

第6章

马铃薯-燕麦复合面条概述

6.1 马铃薯及燕麦

马铃薯（potato），茄科茄属，俗称土豆。马铃薯原产于南美洲，种植地遍布世界百余个国家，是目前位列第四的粮食作物，产量居小麦、玉米和水稻之后。自1961年以来，世界马铃薯的产量有所波动，自2017年起世界马铃薯的种植面积有所突破，超过2000万公顷，亚洲和欧洲是其主要产地，1993年，欧洲马铃薯的种植面积占全球的55%，亚洲占全球的32%，2005年以后亚洲马铃薯的种植面积超过欧洲。我国的马铃薯种植面积和产量均居世界首位，但是大部分马铃薯被作为蔬菜食用，只有1/10左右被用于进一步深加工。

2015年，我国提出“马铃薯主粮化”战略，马铃薯由原本的副食型产品逐渐向主食型产品转化。马铃薯主粮化的实行可以改善我国现有的粮食结构，同时推动我国现有膳食结构的调整及升级；由于马铃薯种植条件的要求，推行马铃薯主粮化可以带动中西部地区的经济发展；马铃薯具有丰富的营养，被称为“第二面包”，同时，它的高单产能保证粮食安全。根据粮食的安全储藏年限，普通粮食作物如大米、玉米等可以保存一年左右，小麦作物保存年限也不超过三年，而精制过的马铃薯粉可以保存十五年左右，这些也为马铃薯成为主粮奠定了基础。

马铃薯属于薯类，新鲜薯类含水率较高，约为69%～79.8%。马铃薯所含碳水化合物、蛋白质、维生素等的含量均高于普通小麦等主粮。人类需要的三大营养素中的能量主要由碳水化合物提供，马铃薯全粉的碳水化合物含量为79.2%，高于普通主粮小麦、玉米、水稻等所含的碳水化合物量。

燕麦，禾本科燕麦属。我国是燕麦的起源之地，其种植面积居世界第4位，我国种植的燕麦主要有两种：皮燕麦和裸燕麦。燕麦作为一种营养作物具有高蛋白、高脂肪等特点，在我国有药食同源的悠久历史，它被称为谷物中最好的全价营养食品，具有丰富的营养成分和保健功能。

营养价值：燕麦的蛋白质含量一般为10%～20%，居所有谷物之首，且其氨基酸比较平衡稳定。赖氨酸是小麦、稻米等谷物的“第一限制氨基酸”，同时也是人体的必需氨基酸，而燕麦中的含量约是普通主食谷物的2倍，可以弥补其他谷物氨基酸的不足。燕麦含有较多的脂肪，约为普通谷物的2倍，其中含有大量的不饱和脂肪酸，且具有较多的亚油酸，对维持血压、血脂稳定有一定的功效。燕麦中水溶性膳食纤维的主要成分β-葡聚糖，其含量是小麦的6倍以上，β-葡聚糖具有多种保健功能，如降低胆固醇、预防心血管疾病等，在临床上已得到检验。同时，燕麦中还含有较丰富的B族维生素和钙、磷、铁等矿物质。

保健作用：燕麦中的脂肪主要为不饱和脂肪酸，对降低胆固醇含量有一定作用，其中富含的亚油酸可以与胆固醇结合对降低脂肪有一定作用，燕麦可以影响胆固醇及脂肪在体内的代谢，对治疗高血脂、血管硬化、冠心病等有临床意义。同时燕麦含有的多酚类物质对抗氧化有作用，可以延缓衰老。

针对不同类型的复合面条均已有较多研究，Ma等研究了荞麦复合面条，结果表明荞麦面条的感官、多酚含量及抗氧化特性均高于普通面条；李叶贝等发现马铃薯粒度与小麦粉接近时面条品质较好；Choy等研究了马铃薯复合面条，发现乙酰化马铃薯淀粉能够提高小麦粉的性能；李升等研究了紫薯复合挂面，发现谷朊粉、魔芋胶能够有效提高挂面的品质。

对于面条品质的研究主要集中在蒸煮特性及质构特性等方面，Zhang等研究了添加甘薯粉（SPF）对小麦粉面条的影响，发现SPF的添加降低了煮熟面条的弹性、凝聚性和回弹性，但对硬度和黏附性有不同的影响；张东仙等研究了燕麦麸皮对挂面品质的影响，燕麦麸皮会增加挂面的损失，同时增大挂面的咀嚼韧性，但会减小挂面的黏弹性；田志芳等研究了活性小麦面筋对燕麦全粉面条品质的影响，添加活性小麦面筋会使燕麦面条的蒸煮损失降低，而面条的拉伸度和紧实度会增大，其黏弹性和脆性会降低；王乐等研究了马铃薯面条制作工艺及品质，发现与全小麦面条相比，马铃薯面条的各方面特性品质均不如小麦面条，但煮制时间缩短。

6.2 干燥技术简介

热泵干燥 热泵干燥是一种节能的新型干燥方法，系统的热量来自较低温度的热源，经过一系列循环使热能在比较高的温度下发挥作用，从而对样品进行干燥，如图 6-1。热泵干燥的显著特点是节能，同时在调节蒸发器的不同状态下可以较大改变干燥介质的条件。在热泵干燥中，其干燥条件与自然较接近，可以精确控制其湿度等条件，有利于干燥的进行，在无氧热泵中还可以避免物料与空气的接触，防止氧化保证产品质量。但热泵干燥也存在一些缺点，热泵干燥温度普遍较低，当样品中的水分被大部分脱除后，后期效率降低而干燥时间延长。目前热泵干燥已被广泛应用于果蔬干燥，如豇豆、辣椒、荔枝、杏鲍菇等，结果表明热泵干燥在果蔬领域可以获得品质优良的干制品。

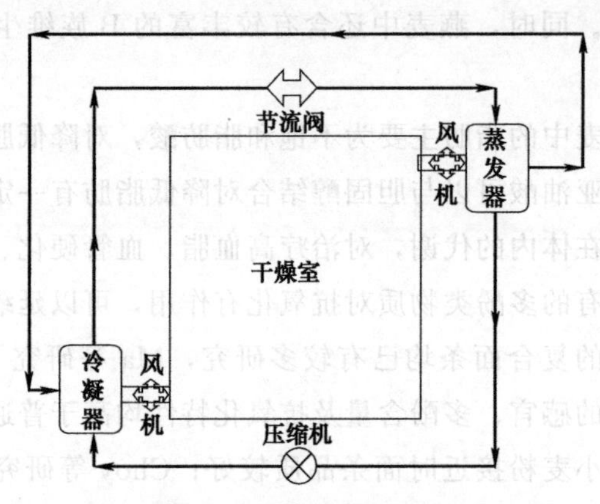

图 6-1 热泵干燥技术图

热风干燥 热风干燥是果蔬干燥最常用的一种方法。其工作原理是，空气由鼓风机进入，经换热器加热为热空气，样品与热空气进行热量交换和对流，使物料的水分被带走，如图 6-2。热风干燥的优点是热效率高，在干燥过程中，干燥介质与物料之间进行换热加快质热传递。但热风干燥也存在一些缺点，如动力消耗较大、占地较大，小型的热风干燥机虽结构简单但产能较低。热风干燥在不

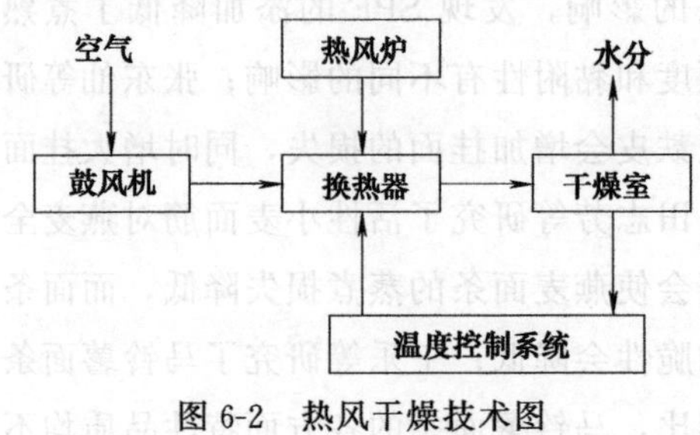

图 6-2 热风干燥技术图

同领域均已有广泛的应用，如用于火龙果、油茶籽等的干燥，但热风干燥的产品与其他干燥方式相比品质较差，所以近几年热风干燥往往与其他干燥方式联合使用，目前较多的是红外与热风联合及微波与热风联合。

热泵-热风联合干燥 单一的干燥方式虽然可以达到干燥效果，但存在或多或少的问题，近些年联合干燥技术开始逐渐兴起，联合干燥是将不同干燥方式扬长避短，选择好的方面加以组合以提高干燥效率同时保证产品品质。热泵干燥作为一种节能环保的干燥方式近些年被广泛使用，但在干燥后期较低的干燥温度不利于水分的扩散迁出，致使热效率降低；而热风干燥热效率较高但干燥品质不佳。所以进行热泵-热风联合干燥可以结合两者的优点，在干燥前段采用热泵干燥，热泵干燥的温度范围较低可以避免物料表面硬化影响水分蒸发，可以保证产品品质；在干燥后段采用热风干燥，较高的温度可以加快结合水的内部扩散，有利于水分快速脱除，缩短干燥时间。目前，热泵-热风联合干燥在果蔬领域有所应用，徐建国等采用热泵-热风联合干燥胡萝卜，发现联合干燥可以得到品质较好的产品且干燥时间缩短；李晖等采用热泵-热风联合干燥怀山药，确定了最佳干燥参数；李建雄等研究发现对于干燥南方波纹米粉丝来说，热泵-热风联合干燥是最佳方法。

第7章

马铃薯淀粉-小麦蛋白共混体系的相互作用

7.1 概述

马铃薯富含大量淀粉、膳食纤维、维生素等营养物质，马铃薯中的优质全价蛋白可以弥补其他主粮在限制性氨基酸方面的缺失。马铃薯复合面条作为“马铃薯主粮化”的代表产品与普通小麦面条相比仍有不足，马铃薯干物质中含有的大量淀粉会影响面筋蛋白网络的形成，使面条结构疏松、筋力较差，煮食过程中易断条、易混汤。在马铃薯面条成型过程中各组分相互作用较为复杂，主要成分马铃薯淀粉和小麦蛋白的相互作用对面条的成型及品质均有一定影响，所以考察马铃薯淀粉-小麦蛋白共混体系在特定条件下的相互作用是十分必要的。

目前国内针对马铃薯复合面条的研究主要集中在马铃薯的添加形式、马铃薯基质特性以及制作工艺等方面，针对复合面条的成型机制及淀粉-蛋白的相互作用鲜见报道。对于淀粉-蛋白共混体系国内外已有较多研究，国外大多将淀粉和蛋白混合体系用于开发婴儿食品、休闲食品等新型食品。多数研究表明蛋白与多糖结合时会有一定的相互作用，马铃薯淀粉、大米淀粉等与盐溶蛋白结合会表现出增强作用，但玉米淀粉与大豆蛋白会产生拮抗作用。陈建省等发现面筋蛋白种类及添加量会对小麦淀粉的糊化造成影响；汤晓智等研究了乳清蛋白-大米淀粉体系的流变特性，发现淀粉和蛋白分子间的相互作用有利于增强凝胶网络的形成；苏笑芳等人对大豆分离蛋白-玉米淀粉-谷朊粉共混体系进行研究，表明玉米淀粉和谷朊粉的添加可以降低大豆蛋白的热转变焓，而蛋白和谷朊粉能增加淀粉的热转变温度。针对马铃薯淀粉的研究也有所报道，张笃芹等发现与马铃薯蛋白相比，马铃薯淀粉及蛋白的共混物乳化活性指数、热特性、黏度特性、流变特性均有改变。虽然淀粉-蛋白体系已有较多研究，但是对于复合面条成型过程中马铃薯淀粉-小麦蛋白的相互作用研究鲜见报道。

本章拟通过提取马铃薯复合面条中的主要成分——马铃薯淀粉和小麦蛋白，研究马铃薯淀粉-小麦蛋白共混体系的热特性、黏度特性、微观特性等相互作用以探究面条在湿热条件下的成型，为进一步探究复合面条分子结构的成型机理提供一定理论依据。

7.2 材料与设备

7.2.1 材料与试剂

中薯 2 号马铃薯、五得利小麦粉、食盐购于河南洛阳大张超市。

7.2.2 仪器与设备

表 7-1 主要仪器与设备

仪器名称	型号	生产厂家
Brabender 黏度仪	803302 型	北京冠远科技有限公司
扫描电子显微镜	JSM-5610LV	日本电子株式会社
差示扫描量热仪	DSC823e	梅特勒-托利多仪器有限公司
高速多功能粉碎机	HC-200	浙江省永康市金穗机械制造厂
热泵干燥机	GHRH-20	广东省农业机械研究所
台式高速离心机	TG16-WS	湖南湘仪实验室仪器开发有限公司
电子天平	JA-B/N	上海雅程仪器设备有限公司

7.3 试验方法

7.3.1 马铃薯淀粉的提取

采用水提取法对马铃薯淀粉进行提取，将新鲜、完好的马铃薯清洗去皮，切成小块状，用组织搅碎机加水将其搅碎，将浆液静置 2～3h 后过 80 目筛，淀粉沉降物留在水中，用蒸馏水洗涤 4～5 次并进行离心，去除上清液，将沉淀物置于40℃干燥至含水率低于8%，制粉过80目筛备用。

7.3.2 小麦蛋白的提取

根据GB/T 5506.1—2008采用手洗法得到湿面筋，将其放入真空冷冻干燥机干燥至水分含量低于5%，用多功能粉碎机制粉并过80目筛备用。

将马铃薯淀粉（以下简称PS）与小麦蛋白（以下简称WP）分别按照1∶9、2∶8、3∶7、4∶6、5∶5的比例进行混合制备淀粉-蛋白共混体系，将纯马铃薯淀粉和纯小麦蛋白作为对照，按照试验条件分别对其热特性、黏度特性、微观特性等进行测定，探究马铃薯淀粉-小麦蛋白共混体系的相互作用。

7.3.3 热力学特性的测定

称取5mg共混样品置于铝坩埚中，加入10μL去离子水，密封坩埚后置于室温下平衡24h。测量参数为：升温速率5℃/min，升温温度25～95℃，氮气流速80mL/min，以空坩埚作为对照对样品的热力学特性进行测定。

7.3.4 黏度特性的测定

称取400g共混样品水溶液（质量分数为6%），将其放入测量钵中开始测量，测量参数为：起始温度50℃，升温速率3℃/min，最高温度95℃。分别记录其糊化段、恒温段、冷却段、最终恒温段的温度及扭矩。

7.3.5 扫描电镜的测定

将淀粉-蛋白共混物加水制成面团，淀粉及蛋白以粉末形式分别置于导电胶上，放入日立台式电镜TM 3030中抽真空并进行观察，放大倍数为1000倍，观察共混物及样品颗粒的微观结构。

7.3.6 数据处理

采用Origin 8.5软件处理数据及作图，采用SPSS 20.0软件对数据进行统计分析，显著性差异$p<0.05$。

7.4 结果与分析

7.4.1 马铃薯淀粉-小麦蛋白共混体系热力学作用分析

不同比例的马铃薯淀粉-小麦蛋白体系的热力学特性如表 7-2 所示，随着马铃薯淀粉占比的升高，初始相变温度 T_0 和峰值温度均呈现减小趋势，纯马铃薯淀粉体系的初始相变温度和峰值温度最低，该混合体系焓变呈现升高趋势，说明在淀粉-蛋白体系加温糊化过程中，由于小麦蛋白的作用，使得淀粉原本的相变峰向高温移动。淀粉含量 50%时，该体系焓变最大，这说明此时混合体系的结构更加致密和有序。在水和热作用下的糊化过程中，随着温度的升高，淀粉分子发生强烈振动，氢键被破坏同时伴随着能量的改变，对淀粉的结晶度造成影响。随着蛋白含量的升高，糊化温度越来越高，一方面可能是因为谷蛋白可以改变淀粉中可用水含量，在糊化过程中小麦蛋白分子的竞争吸水作用使淀粉吸水减少，对其糊化有一定的阻碍作用，使其热变性特性发生改变；另一方面可能是因为蛋白含量较多时其网络结构比较完善，此时淀粉颗粒的分子较少且流动性变强，淀粉链间相互作用较强，所需的糊化温度升高。在马铃薯淀粉-小麦蛋白体系中，淀粉分子的相互作用及淀粉分子与蛋白网络间的相互作用均会对其热变性造成影响。在复合面条成型过程中，淀粉与蛋白的相互作用表现为对其结晶度及结构的影响。

表 7-2 马铃薯淀粉-小麦蛋白体系热力学参数

体系配比	初始相变温度 T_0/℃	峰值温度 T_p/℃	焓变 ΔH/(J/g)	半峰宽温度差 ΔT/℃
100%WP	59.30 ± 0.28^{a}	67.84 ± 0.06^{a}	0.09 ± 0.00^{a}	4.98 ± 0.05^{a}
10%PS+90%WP	58.82 ± 0.08^{b}	63.71 ± 0.05^{c}	0.61 ± 0.03^{b}	5.41 ± 0.03^{b}
20%PS+80%WP	58.77 ± 0.06^{b}	63.84 ± 0.05^{b}	1.23 ± 0.05^{d}	6.28 ± 0.02^{d}
30%PS+70%WP	59.18 ± 0.09^{a}	63.60 ± 0.04^{cd}	0.84 ± 0.02^{c}	5.05 ± 0.04^{a}
40%PS+60%WP	58.56 ± 0.07^{bc}	63.62 ± 0.07^{c}	2.48 ± 0.05^{e}	6.29 ± 0.03^{d}
50%PS+50%WP	58.38 ± 0.03^{c}	63.50 ± 0.04^{d}	3.08 ± 0.03^{f}	6.20 ± 0.04^{c}
100%PS	57.30 ± 0.04^{d}	62.11 ± 0.04^{e}	5.45 ± 0.04^{g}	6.34 ± 0.04^{d}

注：表中同列上标不同小写字母表示差异显著，$p<0.05$。

7.4.2 马铃薯淀粉-小麦蛋白共混体系黏度特性分析

使用布拉班德黏度仪对马铃薯淀粉-小麦蛋白混合体系的黏度进行测定，结果如图 7-1 所示，随着温度的升高、恒定及降低过程，其黏度基本呈现升高-降低-升高-不变的变化趋势。由表 7-3 可知，在混合体系中随着马铃薯淀粉含量的增加，其峰值黏度、最终黏度、崩解值、回生值均呈现增大趋势，峰值温度呈现减小趋势。淀粉对该体系的黏度起积极作用，而小麦蛋白则相反。在小麦蛋白和马铃薯淀粉相互作用过程中主要为静电作用，淀粉的阴离子基团与带正电的蛋白质基团相互作用，最终达到静电平衡，两相共溶状态下淀粉会对蛋白的结构产生稀释作用，同时蛋白对淀粉浓度产生稀释作用，在此状态下，小麦蛋白会对复合物的黏度造成削弱作用，使其黏度降低。

崩解值表示峰值黏度与谷值黏度之差，随着马铃薯淀粉的增加，其崩解值越大，即该混合体系的耐剪切性越差，说明小麦蛋白的加入可以增大其稳定性，并且可以对淀粉的崩解起一定的掩蔽作用。回生值指最终黏度与保持黏度之间的差值，表示淀粉老化过程中直链分子重结晶带来的黏度改变。小麦蛋白的增加导致了回生值降低，因此小麦蛋白的加入在一定程度上可以抑制淀粉的凝沉，影响直链淀粉的重结晶，从而延缓淀粉的回生，同时淀粉与谷蛋白之间存在的氢键相互作用可以防止淀粉的老化。随着小麦蛋白的增加，混合体系的起糊温度及峰值温度升高，说明小麦蛋白对淀粉的糊化有抑制作用，两种聚合物间的可用水竞争导致水分重新分布，延迟了淀粉的糊化。

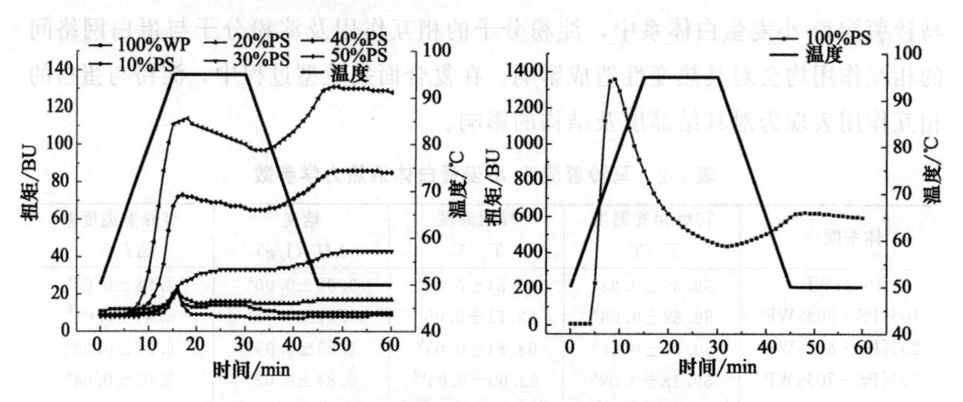

图 7-1 不同马铃薯淀粉-小麦蛋白共混体系黏度特性

表 7-3 不同马铃薯淀粉-小麦蛋白共混体系黏度参数

体系配比	起糊温度/℃	峰值黏度/BU	峰值温度/℃	恒温段起始黏度/BU	冷却段起始黏度/BU	冷却段结束黏度/BU	最终黏度/BU	崩解值/BU	回生值/BU
100%WP	95.3	23	95.8	19	14	10	10	9	−4
10%PS+90%WP	94.5	22	96.1	19	8	8	9	14	0

续表

体系配比	起糊温度/℃	峰值黏度/BU	峰值温度/℃	恒温段起始黏度/BU	冷却段起始黏度/BU	冷却段结束黏度/BU	最终黏度/BU	崩解值/BU	回生值/BU
20%PS+80%WP	93.7	23	95.3	21	16	17	17	7	1
30%PS+70%WP	93.7	34	95	20	33	39	43	1	6
40%PS+60%WP	82	75	95.8	67	66	81	85	9	15
50%PS+50%WP	75.1	114	95	111	100	125	128	14	25
100%PS	61.5	1370	74.5	847	446	597	593	924	151

7.4.3　马铃薯淀粉-小麦蛋白共混体系微观结构特性

马铃薯淀粉-小麦蛋白混合体系的扫描电镜图如图 7-2 所示，图 A 和图 B

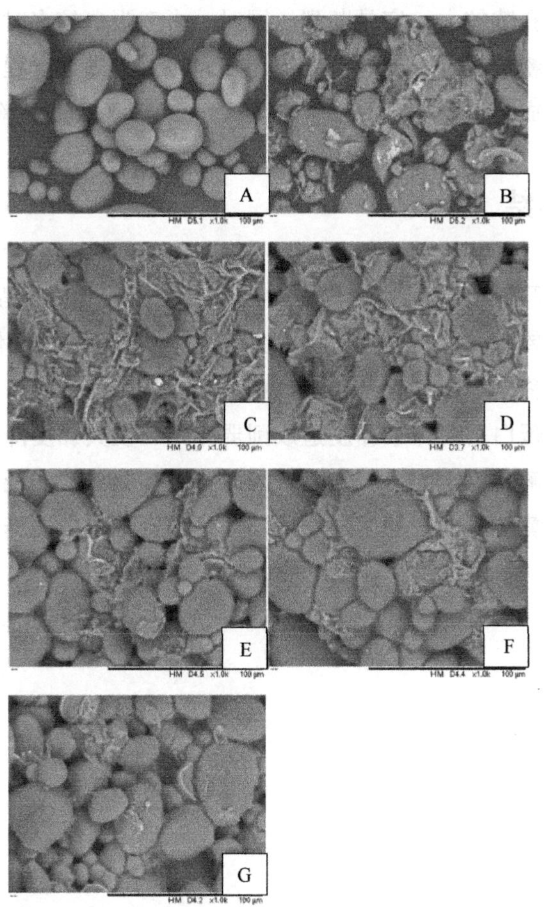

图 7-2　马铃薯淀粉-小麦蛋白共混体系微观结构图

A 为马铃薯淀粉；B 为小麦蛋白；C～G 分别为马铃薯淀粉含量为 10%、20%、30%、40%、50%的共混体系，放大倍数 1.0k

分别为马铃薯淀粉和小麦蛋白的微观结构图，由图可知，马铃薯淀粉颗粒为椭圆体，表面光滑，大小不一，小麦蛋白形态主要呈块状，部分小块呈不规则形状。图 C～图 G 分别为马铃薯淀粉含量为 10%、20%、30%、40%、50%，随着马铃薯淀粉含量的增加，其淀粉颗粒越来越多，蛋白结构越来越少。图 C 为淀粉含量 10%时混合体系电镜图，图中可见小麦蛋白的网状结构形成较完善，在混合体系中小麦蛋白中的麦醇溶蛋白和麦谷蛋白等通过分子间作用形成三维的面筋网络，淀粉颗粒分子嵌入面筋网络中，形成较为稳定的结构。随着马铃薯淀粉含量的增加，面筋网络结构越来越少，淀粉颗粒更多地暴露出来，对面筋网络起到一定的稀释作用。当淀粉含量为 50%时，面筋结构几乎没有，这表明淀粉含量过高会阻碍甚至破坏面筋网络的形成，表现在复合面条中即为面条结构粗糙、孔隙较大、容易断裂。同时，小麦蛋白较多时其形成的较完善的面筋结构对淀粉颗粒有一定的包裹作用，同时对其糊化过程中淀粉的吸水作用及凝胶形成造成一定影响，此结果与上文中 DSC 及黏度试验的结果一致。

7.5 本章小结

本章探究了马铃薯淀粉-小麦蛋白共混体系在面条成型过程中的相互作用，结果表明：在马铃薯淀粉-小麦蛋白共混体系中，小麦蛋白的作用使淀粉原本的相变峰向高温移动，蛋白含量越高，糊化温度越高。淀粉对该混合体系起积极作用，而小麦蛋白会对体系黏度造成削弱作用，使其黏度降低；小麦蛋白的加入对淀粉的崩解起一定的掩蔽作用，同时可以抑制淀粉的凝沉，延缓淀粉的回生。随着马铃薯淀粉含量的增加对面筋网络起到一定的稀释作用。

第8章

燕麦添加对马铃薯复合面条品质特性的影响

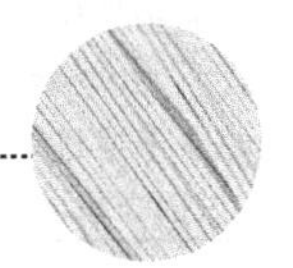

8.1 概述

燕麦是一种营养价值很高的谷物，种植面积居世界第四位。燕麦具有高蛋白、高脂肪的特点，其脂肪主要由不饱和脂肪酸和亚油酸组成，燕麦中还含有丰富的B族维生素和钙、磷、铁等矿物质以及可溶性膳食纤维等降低胆固醇的物质。

随着“健康中国”战略的提出，燕麦作为粗粮食品引发越来越多的关注。Liu等研究发现稳定化处理不仅能有效地灭活酶，而且有助于改善燕麦面条的加工、烹调和食用质量。Liao等以燕麦面代替部分主食可以显著改善受试者的健康状况，特别是高胆固醇血症患者，从而降低心血管病的风险。目前国内对于燕麦的研究较少，燕麦面条也少见报道。

本章拟在研究马铃薯复合面条成型的基础上，添加不同含量的燕麦，拟通过对复合面条的蒸煮特性、质构特性、微观结构、干燥特性以及感官特性的表征，确定复合面条的最佳配比，为实际生产提供一定的理论依据和技术支撑。

8.2 材料与设备

8.2.1 材料与试剂

燕麦粉购于山东省菏泽市天邦生物制品有限公司。

柠檬酸：分析纯，天津市德恩化学试剂有限公司。

抗坏血酸：分析纯，江苏强盛功能化学股份有限公司。

8.2.2 仪器与设备

表 8-1 主要仪器与设备

仪器名称	型号	生产厂家
食品物性仪	TA. XT 型	英国 Stable Micro Systems 公司
日立台式电镜	TM3030 型	日本电子株式会社
热泵干燥机	GHRH-20 型	广东省农业机械研究所
压面条机	FKM-20 型	永康市炫林工贸有限公司

8.3 试验方法

8.3.1 面条配方试验设计

通过预试验对复合面条的营养成分、蒸煮特性及质构特性进行考察，结果显示在燕麦添加量为 10%～20%时表现出较好特性，故选取燕麦含量 10%～20%设置不同因素水平进行试验。

8.3.2 面条生产工艺流程

马铃薯粉、燕麦粉、小麦粉、纯净水、食盐、谷朊粉→和面→熟化→压延→切条→干燥

8.3.3 面条生产工艺要点

① 马铃薯全粉的制备：选取外观良好，无虫眼，未发芽，未腐烂的马铃薯，将马铃薯洗净并去皮切片，将马铃薯片直接转移到护色液中浸泡 10min，护色液的浓度（质量分数）为 0.5%柠檬酸和 0.05%抗坏血酸，护色好的马铃薯片蒸煮 3min 使之熟化，将熟化的马铃薯捞出沥干置于 50℃的热泵干燥机中进行干燥，待其干燥至含水率为 5%以下，粉碎为 100 目备用。

② 和面：用电子天平称取混合粉 500g，其中马铃薯粉 250g，燕麦粉含量分别占混合粉的 10%、12%、14%、16%、18%，谷朊粉 20g，其他为小麦粉。将 5g 食盐溶解在 325mL 蒸馏水中，溶解完全后将盐水加入混合粉中，搅拌成面絮，和面 5min，保持面絮干湿得当，用手紧握时可以成团，松开手后

面絮自动散落。

③ 熟化：将和好的面团放在容器中，容器口用保鲜膜密封，室温放置20min，使面筋蛋白充分吸水形成面筋网络。

④ 压片：熟化结束后用压面机进行压延，并根据面带的情况逐渐调整压毂的宽度，反复压片，直到面带表面光滑，色泽均匀，富有弹性为止。然后安装压面机的切刀进行出面，所得鲜湿面条长 20cm，宽 0.3cm，厚 0.1cm，初始干基水分含量为 0.62g/g。

⑤ 干燥：将上述鲜湿面条放入热泵干燥机进行干燥处理，使其含水率降至 13%（安全水分含量），备用。

8.3.4 质构特性测定

质构特性分别在压缩模式下进行 TPA（质地剖面分析，texture profile analysis）试验和剪切模式下进行剪切试验来测定，质构仪的探头为：P/75 和 A/LKB-F，TPA 测试参数：测前速率 1.0mm/s，测中速率 0.8mm/s，测后速率 0.8mm/s，压缩程度 70%，停留时间 5s，触发力 5g。每组进行 6 次试验取平均值，得到延展性、硬度、咀嚼性及黏性等数值。剪切试验测试参数：测前速率 1.0mm/s，测中速率 0.8mm/s，测后速率 10.0mm/s，应变程度 100%，触发力 5g，每组进行 6 次试验取平均值。取面条 30 根，放入 1000mL 沸水中煮至最佳蒸煮时间，捞出后沥水 1min，立即用质构仪测定，每次试验将 5 根长 10cm 的面条平行放在平台上进行测定。

8.3.5 微观结构的测定

将不同燕麦含量的复合面条放入电镜中观察，放大倍数为 1000 倍，观察面条的微观结构及孔隙率。

8.3.6 干燥特性的测定

① 干基含水率的计算：

$$X=\frac{m_t-m_1(1-\omega_1)}{m_1(1-\omega_1)} \tag{8-1}$$

式中，m_t 为任意干燥 t 时刻物料的质量，g；m_1 为物料的初始质量，g；X 为任意干燥 t 时刻物料的干基水分含量，g/g；ω_1 为初始湿基水分含量，g/g。

② 干燥曲线的绘制：设置30℃、40℃、50℃三个温度段，对不同燕麦含量的鲜湿复合面条进行分段热泵干燥处理，使其含水率降至干基含水率为13%，绘制相应的干燥曲线。

③ 有效水分扩散系数的测定：假设面条模型为长方体，水分扩散可沿着长、宽、高3个方向进行扩散，由Newmen公式可得：

$$MR=\frac{X_t-X_e}{X_0-X_e}=\left(\frac{X_t-X_e}{X_0-X_e}\right)_x\left(\frac{X_t-X_e}{X_0-X_e}\right)_y\left(\frac{X_t-X_e}{X_0-X_e}\right)_z \tag{8-2}$$

面条干燥过程中每个方向上的扩散均可看作一维轴向扩散，根据Fick第二定律可以按公式（8-3）计算MR。

$$MR=\frac{8}{\pi^2}\sum_{n=0}^{\infty}\frac{1}{(2n+1)^2}\exp\left[\frac{-(2n+1)^2\pi^2Dt}{4L^2}\right] \tag{8-3}$$

在干燥过程中，水分散失，面条体积略有减少，并且水分扩散具有各向异性，故参考曾令彬等方法并进行修改，提出以下假设：①面条的组织结构较为均匀，视其各方向的水分扩散系数相等，即$D_x=D_y=D_z=D$；②在干燥过程中视面条体积不变，即L一定；③因面条的长度远大于面条的宽度和高度，故视为主要从宽和高两个方向扩散。当$n=0$时，联立式（8-2）、式（8-3）得：

$$MR=\frac{X_t-X_e}{X_0-X_e}\approx\left(\frac{8}{\pi^2}\right)^2\exp\left[-\frac{\pi^2}{4}Dt\left(\frac{1}{L_y^2}+\frac{1}{L_z^2}\right)\right] \tag{8-4}$$

式中，D为有效水分扩散系数，m^2/s；L_y、L_z分别为面条1/2宽度和1/2高度，m；t为干燥时间，s。

将式（8-4）式两端取自然对数得：

$$\ln MR=\ln\left(\frac{8}{\pi^2}\right)^2-\frac{\pi^2D}{4(L_y^2+L_z^2)}t \tag{8-5}$$

由式（8-5）可知，$\ln MR$和时间t呈线性关系，由Origin进行线性拟合，根据其系数求出水分扩散系数D。

8.3.7 感官特性的测定

本研究采用模糊数学法进行感官评价与分析，可以比较全面地反映每个评委的意见，归一化后的综合评判结果集能全面客观地反映产品感官评价结果。将样品随机呈现给10名有感官评价知识背景的评委，对面条的色泽、外观、口感、食味4个因素进行感官评定，并分设4个等级见表8-2。

表 8-2　马铃薯燕复合面条感官评定指标

等级	色泽	外观	口感	食味
好	面条颜色正常,光亮	表面结构细密,光滑	有嚼劲,富有弹性,爽口,不黏牙,口感光滑	有马铃薯、燕麦香味
较好	面条颜色稍差,光亮	表面结构细密与光滑度稍差	嚼劲较差,有弹性,爽口,不黏牙,口感稍差	香味稍差
一般	面条颜色稍差,亮度一般	表面结构细密与光滑度一般	嚼劲与弹性稍差,较爽口,稍黏牙,口感一般	无异味
差	面条颜色发暗,亮度差	表面粗糙,变形严重	嚼劲差,弹性不足,不爽口,发黏,口感粗糙	有异味

8.3.8　数据处理

同第 7 章 7.3.6。

8.4　结果与分析

8.4.1　燕麦粉添加量对复合面条质构特性的影响

8.4.1.1　复合面条质构特性

通过质构仪进行 TPA 测试及剪切测试，得到的质构指标包括硬度、胶黏性、弹性、凝聚力、胶着性、咀嚼性、回弹性、伸展性、剪切硬度、剪切咀嚼性、剪切胶黏性等 11 个指标。质构测定结果见表 8-3、表 8-4。

表 8-3　复合面条 TPA 特性测定结果

燕麦含量/%	硬度/g	胶黏性/(g·s)	弹性	凝聚力	胶着性	咀嚼性	弹性
10	6566.03±0.61	−152.62±0.10	0.85±0.01	0.82±0.01	5374.39±0.26	4592.83±0.91	0.62±0.03
12	5102.87±1.31	−140.42±0.23	0.82±0.05	0.82±0.02	4159.01±0.31	3406.50±0.90	0.61±0.03
14	5619.04±0.89	−160.39±0.16	0.83±0.02	0.78±0.01	4406.34±0.10	3661.92±1.49	0.60±0.03
16	5858.87±0.75	−393.69±0.41	0.90±0.02	0.83±0.01	4835.72±0.09	4332.32±1.52	0.64±0.08
18	5948.68±1.54	−211.21±0.11	0.88±0.02	0.80±0.04	4744.40±0.30	4185.25±1.40	0.64±0.04

表 8-4 复合面条剪切特性测定结果

燕麦含量/%	伸展性/($g \cdot s^{-1}$)	剪切硬度/g	剪切咀嚼性/($g \cdot s$)	剪切胶黏性/($g \cdot s$)
10	204.95±1.12	436.82±0.34	440.19±0.71	−2.25±0.04
12	122.88±0.92	292.68±0.28	384.11±0.75	−2.12±0.03
14	129.37±0.86	279.47±0.17	379.36±0.68	−1.64±0.03
16	172.88±0.98	410.39±0.25	499.67±0.54	−1.49±0.01
18	110.09±1.06	281.42±0.29	364.19±0.72	−1.27±0.02

8.4.1.2 质构特性的主成分分析

由于质构特性评价指标较多且存在一定的关联性，难以对面条品质进行准确分析，所以采用主成分分析法，减少指标得到综合评分。使用 SPSS 20.0 对面条的质构特征指标进行降维分析，得到相关成分的特征值及贡献率见表 8-5。

表 8-5 相关成分的特征值及贡献率

成分	特征值	贡献率/%	累计贡献率/%
Z_1	6.196	56.330	56.330
Z_2	2.726	24.783	81.114
Z_3	1.537	13.973	95.087
Z_4	0.540	4.913	100.000

由表 8-5 可知，Z_1、Z_2、Z_3 3 个主成分的贡献率分别为 56.330%、24.783%、13.973%、3 个主成分的累积贡献率为 95.087%，且前 3 个特征值超过 1，可见 Z_1、Z_2、Z_3 三个主成分包含了大多数信息，能代表面条质构特性的整体信息，选择这 3 个主成分进行分析。

主成分特征向量表可以反映出各指标对主成分贡献率的大小，由表 8-6 可知，第 1 主成分主要以胶着性（X_5）、咀嚼性（X_6）、剪切硬度（X_9）的影响为主，第 2 主成分以胶黏性（X_2）、弹性（X_3）、回弹性（X_7）、剪切胶黏性（X_{11}）的影响为主，第 3 主成分以硬度（X_1）、凝聚力（X_4）、剪切咀嚼性（X_{10}）的影响为主。根据其主成分贡献率可构建 3 个主成分与面条各质构指标间的线性关系。

$$Z_1=0.766X_1-0.631X_2+0.747X_3+0.640X_4+0.861X_5+0.925X_6+0.678X_7+0.809X_8+0.911X_9+0.838X_{10}+0.014X_{11} \quad (8\text{-}6)$$

$$Z_2=0.2542X_1+0.635X_2-0.662X_3+0.115X_4+0.279X_5+0.030X_6-0.627X_7+0.552X_8+0.370X_9+0.017X_{10}-0.945X_{11} \quad (8\text{-}7)$$

$$Z_3=-0.591X_1+0.366X_2+0.059X_3-0.639X_4+0.422X_5+0.373X_6+$$

$$0.046X_7-0.076X_8-0.165X_9-0.463X_{10}+0.274X_{11} \quad (8\text{-}8)$$

表 8-6 主成分特征向量表

指标变量	硬度	胶黏性	弹性	凝聚力	胶着性	咀嚼性	回弹性	伸展性	剪切硬度	剪切咀嚼性	剪切胶黏性
Z_1	0.766	−0.631	0.747	0.640	0.861	0.925	0.678	0.809	0.911	0.838	0.014
Z_2	0.254	0.635	−0.662	0.115	0.279	0.030	−0.627	0.552	0.370	0.017	−0.945
Z_3	0.591	0.366	0.059	−0.639	0.422	0.373	0.046	−0.076	−0.165	−0.463	0.274

以不同特征值的方差贡献率 β_i（$i=1, 2, 3, \cdots, k$）为加系数，利用综合评价函数 $Z=\beta_1Z_1+\beta_2Z_2+\beta_3Z_3+\cdots+\beta_kZ_k$ 建立模型。根据不同特征值的方差贡献率得出复合面条质构特性的评价模型为：$Z=0.5633Z_1+0.2478Z_2+0.1397Z_3$，将主成分得分消除量纲代入模型，得到不同配比复合面条质构特性综合评价结果见表 8-7。

表 8-7 复合面条综合评价表

燕麦含量/%	综合评分			Z
	Z_1	Z_2	Z_3	
10	14 934.12	3 489.52	7 514.87	95.09
12	11 417.44	2 651.70	5 754.88	8.56
14	12 263.75	2 844.77	6 256.38	29.37
16	13 839.88	2 971.59	2 971.59	48.26
18	13 297.01	2 995.59	6 778.94	51.99

通过对复合面条不同质构特征的主成分分析，分别得到 3 个主成分为面条的咀嚼性因子、黏弹性因子、硬度因子，通过构建综合评价模型，得到其综合评分。可见随着燕麦粉添加量的增大，其咀嚼性、黏弹性和硬度基本呈先下降再上升的趋势，因为燕麦中的谷蛋白分子吸水后黏弹性较差，同时结构松散，硬度变小，咀嚼性变差。当燕麦含量变大时，面条淀粉容易溶出，黏弹性增大，同时，膳食纤维的增加会使其咀嚼性有所增强，与 Niu 等分析结果相似。由综合评分可知，当燕麦含量为 10%时表现出较好的质构特性。

8.4.2 燕麦添加量对复合面条结构特性的影响

将不同配比的马铃薯燕麦复合进行扫描电子显微镜测定，测定结果见图 8-1。由图 8-1（a）可见，燕麦含量 10%时面条结构较为致密但仍有小的孔隙，面筋网络形成较为紧实，淀粉颗粒较大且散落较为均匀，在此条件下面条结构均匀，孔隙率较小。图 8-1（b）为燕麦含量为 12%时，淀粉颗粒被面筋网络包裹得较为充分，但有较多大小不一的孔隙，可见燕麦粉遇水易形成小颗粒而无法混匀，使面条出现不平整的小块。由图 8-1（c）可见，燕麦含量为 14%时面条结构较均匀，淀粉颗粒被均匀的包裹，散落的大分子淀粉较少，孔隙率较小且孔隙直径较小，内部密度较大。从图 8-1（d）中可见，燕麦含量为 16%时面条内部结构松散，大颗粒淀粉集中，没有与面筋网络充分融合，且有较大孔隙，在此条件下面条内部密度较小容易产生酥面。图 8-1（e）为燕麦含量为 18%时，面条内部结构较松散且有缝隙，但相比于图 8-1（d）稍好，有个别散落的较大的淀粉颗粒，小麦粉含量较少，面筋网络形成较差，此条件下的面条在蒸煮过程中容易出现断条，此结果与刘颖等结果相似。通过对扫描电镜图的分析可知，当燕麦含量为 10%和 14%时孔隙率较小，结构均匀，当燕麦含量为 16%和 18%时，面条孔隙率较大，结构松散，品质较差。

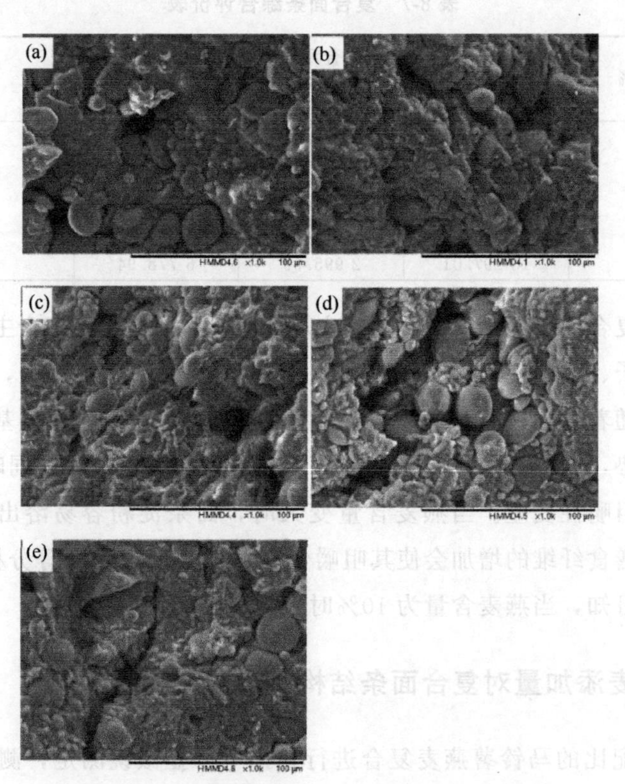

图 8-1 不同燕麦含量复合面条的扫描电镜图

(a) 燕麦含量 10%；(b) 燕麦含量 12%；(c) 燕麦含量 14%；
(d) 燕麦含量 16%；(e) 燕麦含量 18%

8.4.3 燕麦粉添加量对复合面条干燥特性的影响

8.4.3.1 不同燕麦含量复合面条的干燥曲线

将不同燕麦含量的复合面条进行热泵干燥，为了缩短干燥时间，降低能量消耗，采用分段干燥法。将燕麦含量分别为10％、12％、14％、16％、18％的复合面条在同一干燥条件下进行热泵干燥。所得干燥曲线见图8-2。

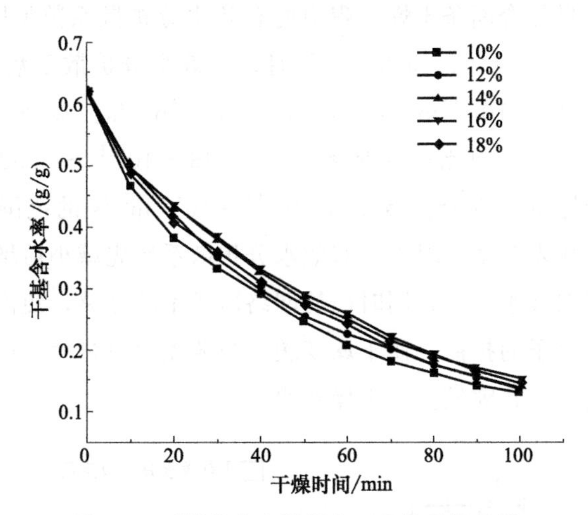

图8-2 不同燕麦含量复合面条的干燥曲线

由图8-2可知，在干燥时间为100min时，不同燕麦含量的复合面条干基含水率分别为：13.27％、13.59％、14.56％、15.21％、13.59％。燕麦含量为10％时干燥较快，而燕麦含量为16％时干燥较慢，这是因为燕麦含量低时面筋网络形成较充分，淀粉颗粒排布有序，有利于水分的扩散。干燥初期，不同含量的面条干燥速率基本一致，主要是表面水分蒸发阶段，在干燥初期采用低温干燥，干燥温度为30℃，因为温度过高会导致表面水分蒸发过快与内部形成较大水分差，造成表面过硬或形成酥面，同时阻碍内部水分扩散，低温干燥可以使面条表面水分蒸发的同时保持面条的品质及外观。当含水率降到35％左右时进入第二干燥阶段，干燥温度为40℃，在此阶段，燕麦含量越少的复合面条干燥越快，因为其内部面筋网络较完整地包裹淀粉颗粒，有序的排布使内部水分扩散较快，在此干燥阶段水分扩散温度的升高导致传热推动力即温度差增大，导致热流密度增加，热空气与样品的热交换比较剧烈，同时温度的升高会导致空气的相对湿度降低，传质推动力即湿度差就会增大，样品中的自由水与热空气具有较大的水分梯度，伴随着表面水分快速蒸发的同时样品内部的水分也会向表面迁移，所以含水率下降较快，此结论与刘云宏等研究结果一致。在干燥后期，不同样品的含水率逐渐减少，随着自由水的减少，水分梯度也越来越小，但是样品中的结合水主要依靠氢键与蛋白质的极性基相结合而形成，所以结合水很难从细胞中渗出，故后期干燥将温度升高到50℃可以缩短干燥时间，降低干燥能耗。

8.4.3.2 不同燕麦含量复合面条的有效水分扩散系数

不同燕麦含量复合面条干燥过程中的有效水分扩散系数见图 8-3，当燕麦含量为 10%、12%、14%、16%、18%时，有效水分扩散系数分别为 $5.52\times10^{-10}\,m^2/s$、$4.63\times10^{-10}\,m^2/s$、$3.73\times10^{-10}\,m^2/s$、$3.46\times10^{-10}\,m^2/s$、$4.54\times10^{-10}\,m^2/s$，有效水分扩散系数在 $3.46\times10^{-10}\sim5.52\times10^{-10}\,m^2/s$ 时，均在食品干燥有效水分扩散系数 $10^{-10}\sim10^{-8}\,m^2/s$ 的范围内，符合食品干燥规律。随着燕麦含量的增加，有效水分扩散系数先减小后增大，当燕麦含量增加，其谷蛋白吸水增多，同时面筋网络形成不够完整，使内部淀粉颗粒排列无序，影响水分子的扩散，使干燥变缓。当燕麦含量过大，面筋网络难以形成，面条结构松散，孔隙较多，干燥变快。

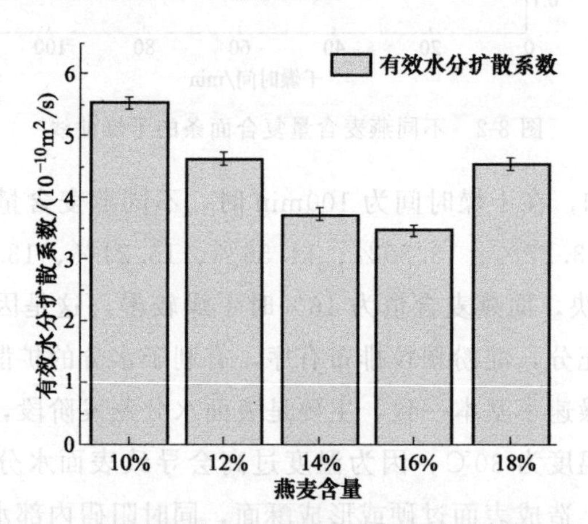

图 8-3 不同燕麦含量复合面条的有效水分扩散系数

8.4.4 燕麦粉添加量对复合面条感官品质的影响

8.4.4.1 模糊数学模型的构建

以色泽、外观、口感、食味为因素集，U={色泽 u_1，外观 u_2，口感 u_3，食味 u_4}；以{好、较好、一般、差}为评语集，V={好，较好，一般，差}；权重集为{0.1，0.2，0.4，0.3}；模糊关系综合评判集 $\boldsymbol{Y}=X\times\boldsymbol{R}$（$X$ 为权

重集，**R** 为模糊矩阵）。采用 M（∧，∨）算子进行模糊运算。

8.4.4.2 感官评定结果

感官评定结果见表 8-8，对感官评定结果输出模糊集并进行归一化处理。当燕麦含量为 10%时，感官评价输出的模糊集为 $Y_1=\{0.4, 0.3, 0.2, 0.2\}$，对 Y_1 进行归一化处理得 $Y_1'=\{0.36, 0.28, 0.18, 0.18\}$；同理，当燕麦含量为 12%，14%，16%，18%时，输出的归一化模糊集分别为 $Y'_2=\{0.28, 0.36, 0.18, 0.18\}$，$Y'_3=\{0.27, 0.27, 0.36, 0.1\}$，$Y'_4=\{0.25, 0.17, 0.33, 0.25\}$，$Y_5'=\{0.17, 0.33, 0.25, 0.25\}$，不同燕麦含量条件下对应模糊矩阵中的峰值分别为 0.36、0.36、0.36、0.33、0.33、各峰值分别对应相应归一化模糊集中的第 1、第 2、第 3、第 3、第 2 个数值，对应的评语顺序为“好”“较好”“一般”“一般”“较好”且燕麦含量为 12%时峰值大于含量为 18%时，故在较好条件下 12%时更好，同理，在一般条件下含量为 14%时更好。经过模糊数学评定可知，不同含量的感官评价结果为 10%>12%>14%>18%>16%，由此可见，当燕麦添加量为 10%时感官品质最好，添加量为 16%时感官品质最差。

表 8-8 不同燕麦添加量复合面条感官评定表

燕麦添加量/%	感官指标	级别			
		好	较好	一般	差
10	色泽	4	5	1	0
	外观	3	3	2	2
	口感	5	3	1	1
	食味	4	4	2	0
12	色泽	4	2	2	2
	外观	2	5	2	1
	口感	3	4	1	2
	食味	3	4	2	1
14	色泽	3	4	3	0
	外观	2	4	3	1
	口感	2	3	4	1
	食味	3	3	3	1
16	色泽	3	2	3	2
	外观	2	3	4	1
	口感	2	2	5	1
	食味	4	2	1	3
18	色泽	1	3	3	3
	外观	3	3	3	1
	口感	2	4	2	2
	食味	2	2	3	3

燕麦添加量为10%时感官品质最好，因为其咀嚼性、弹性和硬度的主成分指标均表现最好，有较强的适口性，易于被大部分人接受。随着燕麦添加量的增加，其咀嚼性、弹性均呈现整体下降趋势，面条表现为不够劲道、没有嚼劲，感官评分依次降低。当燕麦添加量为16%时，其硬度指标明显较小，表现为面条软烂、断条严重，故其感官评分最低。

8.5 本章小结

通过考查不同比例燕麦粉添加量对马铃薯复合面条品质的影响，发现伴随燕麦含量升高，复合面条膳食纤维溶胀及淀粉溶出导致其质构特性综合评分先降低后升高，表现在咀嚼性因子、黏弹性因子和硬度因子先减小后增大。通过扫描电镜分析其结构和孔隙率，当燕麦含量较低时面条结构致密，孔隙率较小，燕麦粉含量过大会导致面条结构松散，孔隙较大，品质较差。

通过对不同燕麦含量复合面条进行同一条件的热泵分段干燥，结果显示随着燕麦含量的增加，其有效水分扩散系数先减后增，由于面筋网络形成不充分且与淀粉颗粒排布不均匀，影响水分的扩散，但燕麦含量过大会使面条结构松散，孔隙较大会加快水分扩散，当燕麦含量为10%时复合面条的有效水分扩散系数最大，干燥时间缩短，干燥速率更高，更适宜实际生产；通过模糊数学法进行感官评定，得到燕麦含量为10%时所得评分最高，感官接受度最高。

第9章

马铃薯-燕麦复合面条性质表征

9.1 概述

面条的性质包含诸多方面，如营养特性、外观特性、蒸煮特性、质构特性、感官特性等，面条的不同性质可以表征面条的品质。就复合面条而言，其性质的测定及表征可以直观地看出复合后的面条相较于单一面条有何优缺点，可以为复合面条的生产起指导作用。

针对面条性质的研究，生鲜面条主要研究其微生物特性、酸度、色差等，针对干燥的面条也有较多研究，张克等对小麦改性淀粉的理化性质及面条性质有所研究，主要针对淀粉的黏度特性、面条的水分变化、热力学特性；刘锐等研究了糯小麦配方面条的性质，主要集中在外观品质及感官品质等方面，如面条的色泽、蒸煮特性、损失率等。目前对于面条性质的研究主要集中在蒸煮及外观方面，对于面条的结构及营养缺少相关研究。

本章拟将已经制备所得的马铃薯燕麦复合面条与普通小麦面条进行对比，测定其淀粉晶型、红外光谱、物性特征、蒸煮特性、氨基酸分析等，对复合面条的结构、蒸煮、营养、感官等特性进行表征。

9.2 材料与设备

9.2.1 材料与试剂

同第8章8.2.1。

9.2.2 仪器与设备

表 9-1 主要仪器与设备

仪器名称	型号	生产厂家
食品物性仪	TA. XT 型	英国 Stable Micro Systems 公司
傅里叶红外光谱仪	IS10	美国 Nicolet 公司
X 射线衍射仪	D2 PHASER	德国布鲁克 AXS 有限公司
氨基酸分析仪	Agilent 1260	美国安捷伦公司

9.3 试验方法

9.3.1 试验设计

马铃薯燕麦复合面条制作工艺同 8.3.3，配方为：马铃薯粉 250g，小麦粉 200g，燕麦粉 50g，谷朊粉 20g 进行复配。

小麦面条的制作工艺同 8.3.3，配方为小麦粉 500g。

9.3.2 晶体结构分析

采用 X-衍射对样品的晶体特性进行分析，将样品粉末置于铝片空中压片，测试条件为：管压 36kV，电流 20mA，测量角度为 5°～40°，步长为 0.03°，扫描速率为 4°/min，狭缝系统为 DS/RS/SS=1°/0.16mm/1°。

9.3.3 红外光谱分析

将样品和溴化钾于 105℃干燥至恒质量，称取 1.0mg 样品于研钵中并加入 150mg 溴化钾粉末，研磨均匀，压制成片。红外条件：波长范围 400～4000cm^{-1}，分辨率为 4cm^{-1}。

9.3.4 TPA 质构特性的测定

质构特性在压缩模式下进行 TPA（texture profile analysis）试验，质构仪的探头为：P/75，测试参数：测前速率 1.0mm/s，测中速率 0.8mm/s，测后速率 0.8mm/s，压缩程度 70%，停留时间 5s，触发力 5g。每组进行 3 次试验取平均值，得到延展性、硬度、咀嚼性及黏性等数值。取面条 30 根，放入 1000mL 沸水中煮至最佳蒸煮时间，捞出后沥水 1min，立即用质构仪测定，每次试验将 5 根长 10cm 的面条平行放在平台上进行测定。

9.3.5 蒸煮特性测定

准确称量 50g 干制面条（记为 m_1），放入 2000mL 沸水中，煮至最佳蒸煮时间，捞出面条并放在滤纸上静置，吸干表面水分进行称重，煮制后面条质量记为 m_2。将面汤继续煮制使其水分大部分蒸发后倒入培养皿中，将培养皿置于 105℃烘箱中烘至质量恒重，记录恒重质量为 m_3，煮制吸水率和煮制损失率分别按式（9-1）、式（9-2）计算。取长短一致的面条 20 根，放入 1000mL 沸水中进行煮制，煮至最佳蒸煮时间，记录面条断条的根数按照公式（9-3）记录其断条率。

$$\text{煮制吸水率}/\% = \frac{m_2 - m_1}{m_1} \times 100\% \tag{9-1}$$

式中，m_1、m_2 分别为煮制前、后面条的质量，g。

$$\text{煮制损失率}/\% = \frac{m_3}{m_1} \times 100\% \tag{9-2}$$

式中，m_1、m_3 分别为煮制前干面条质量、面汤烘干至恒重的质量，g。

$$\text{断条率}/\% = \frac{\text{断条根数}}{\text{面条总根数}} \times 100\% \tag{9-3}$$

9.3.6 氨基酸分析

采用水解氨基酸分析专用高效液相色谱仪对样品的氨基酸含量进行检测分析，采用酸水解法，称取 100mg 样品，加入 8mL 的 HCl，充氮 3min，放入 120℃烘箱中水解 22h，后进行中和、过滤离心，将处理后样品进行测定。

9.3.7 数据处理

同第 7 章 7.3.6。

9.4 结果与分析

9.4.1 马铃薯燕麦复合面条淀粉晶型结构分析

淀粉颗粒为多晶体系，直链淀粉和支链淀粉按照一定的规则进行排列堆积，形成结晶区与无定形区。经过 XRD 衍射，尖峰为结晶区特征，而弥散峰

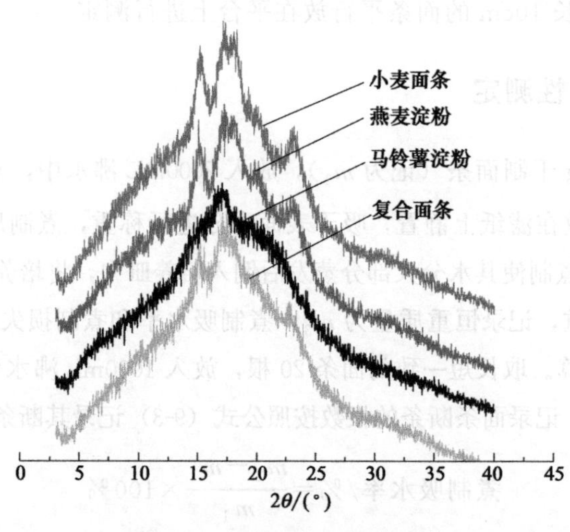

图 9-1 复合面条 X 衍射图谱

为无定形区。根据 X 射线衍射图谱不同峰的位置将淀粉晶型分为 A 型、B 型、C 型和 V 型 4 类，A 型主要来自谷物类淀粉；B 型主要来自块茎类淀粉；C 型为 A 型和 B 型的混合；V 型是由直链淀粉与非极性或弱极性的物质络合形成。A 型淀粉分别在 15°、17°、18°和 23°处有 4 个强峰；B 型淀粉其衍射图在 5.6°、17°、22°和 24°有较强的衍射峰出现；C 型显示了 A 型和 B 型的综合。

由图 9-1 可知，小麦粉是典型的 A 型晶体，燕麦淀粉为 A 型晶体，马铃薯淀粉为 B 型晶体结构，且在 20°有一个衍射峰，是直链淀粉与脂质形成的单螺旋峰。复合面条的结构接近 C 型，由 A 型和 B 型混合而成。在 15.3°附近的峰与小麦面条比，峰高降低，峰面积减小，且峰稍右移，这表明复合面条晶相含量低，晶格的有序化程度降低，结晶度变差。在 17°、23°时，复合面条的峰均比小麦面条低，马铃薯淀粉的加入改变了淀粉颗粒的内部堆积状态，无定形区直链淀粉的重结晶受到影响，内部重排致使其结晶度降低。故复合面条与纯小麦面条相比其晶格有序化程度变低，结晶度降低。

9.4.2 马铃薯燕麦复合面条红外光谱分析

图 9-2 为小麦面条和复合面条的红外光谱图，由图可知，3400cm^{-1} 附近的吸收峰主要是由 O—H 键的伸缩振动引起，形成了一个较强且宽的峰，1650cm^{-1} 附近的吸收峰为无定型区域吸附的水分子。在 600～1300cm^{-1} 的指纹区范围内，有三个稍强的吸收峰，1157cm^{-1} 附近的吸收峰归属为 C—O，

C—C 伸缩振动，1080cm^{-1} 附近的吸收峰为 C—H 键的弯曲振动，1022cm^{-1} 附近的吸收峰为非结晶区的结构特征，1045/1022cm^{-1} 可以表示淀粉分子结构中有序结构与无定型结构的相对大小，1022cm^{-1} 处的峰强较大表示结构中存在无定型的淀粉构象而不是结晶构象。由图可知，复合面条在 1022cm^{-1} 处峰强大于小麦面条，这表明复合面条的结晶度较差，与 X 衍射的结果一致。这可能是因为加入淀粉后，复合面条直链淀粉上的磷酸基使其具有更好的糊化特性，在成型干燥等过程中，其更易糊化，有助于维持淀粉螺旋结构的亲水及疏水相互作用不被破坏，使其结晶度较差。复合面条在 3400cm^{-1} 附近峰强较强，说明其游离羟基发生缔合，形成强度更高的氢键，对其力学特性和持水力均有影响。

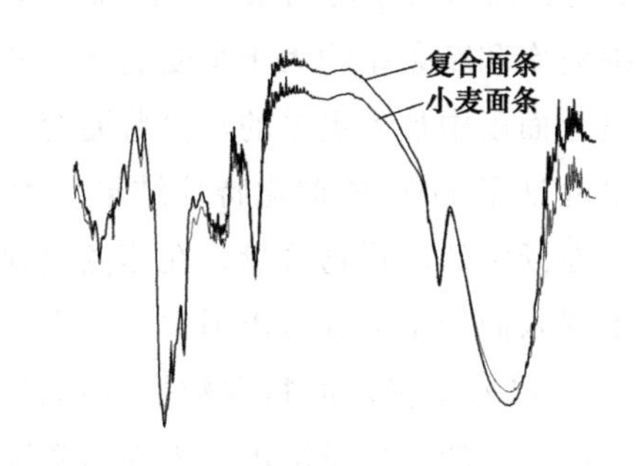

图 9-2 复合面条红外光谱分析

9.4.3 马铃薯燕麦复合面条 TPA 质构特性分析

表 9-2 不同种类面条 TPA 质构特性

种类	硬度/g	黏性/(g·s)	弹性	胶着性	咀嚼性	回复性
小麦面条	7246.23±76.58	424.21±13.46	0.84±0.00	5543.30±69.33	4639.67±52.94	0.51±0.02
复合面条	6452.67±49.55	151.29±16.34	0.85±0.00	5365.67±43.72	4589.35±26.55	0.62±0.01

表 9-2 为不同面条 TPA 质构特性结果。由表可知，复合面条的硬度及黏性明显低于小麦面条，其胶着性、咀嚼性略低于小麦面条，然而马铃薯燕麦复合面条的弹性及回复性稍大于小麦面条。复合面条中添加马铃薯粉使其淀粉含量过高，相比与小麦面条其蛋白含量较低且面筋网络形成不够充分，淀粉颗粒

较多的暴露于表面易在成型过程中发生糊化，表现在面条上为筋力不足，口感软糯，即复合面条的硬度较小、咀嚼性较差。但复合面条因其较多的马铃薯淀粉含量使其在水热作用下凝胶性质更强，所以其弹性及回复性稍大于小麦面条。在TPA压缩试验中，复合面条表现出的质构特性与上文试验结果一致，说明在面条成型的湿热作用下，马铃薯淀粉及燕麦的加入有利于面条的糊化使其硬度及咀嚼性较低，这也是由于复合面条的结构发生变化，其结晶度对结构特性造成了一定的影响。

9.4.4 马铃薯燕麦复合面条煮制特性分析

图 9-3 为马铃薯燕麦复合面条与小麦面条的煮制特性参数，由表可知，复合面条的煮制吸水率、损失率和断条率均大于小麦面条。煮制过程中的吸水主要是淀粉的糊化作用，复合面条中加入更多的马铃薯淀粉，淀粉含量的增加会使其吸水率增大，此结果验证了 DSC 的糊化特性结果。煮制损失率表征了面条的品质，其损失主要指面汤中的固形物含量，在蒸煮过程中，直链淀粉的结构及一些水溶性蛋白溶出混入面汤中造成溶出损失。小麦面条的煮制损失率较低是因为其面筋网络形成的较为完善，淀粉颗粒嵌入面筋网络中被包裹，此时，完整的面筋网络会阻碍淀粉的糊化及溶出，表现为煮制损失较少；而复合面条较多的淀粉会稀释面筋网络的结构，使更多的淀粉溶出，同时，面筋网络的不完善会导致蛋白在热作用下变性，其蛋白结构也更易被破坏，蛋白溶出增加。断条率可以表征面条的耐煮性和筋力，小麦面条具有更加完善的面筋网络，面筋含量更高，其断条率更低；复合面条在热作用下淀粉吸水溶胀，其淀粉分子链舒展并有水解趋势，所以在煮制过程中，其结构疏松容易断条。

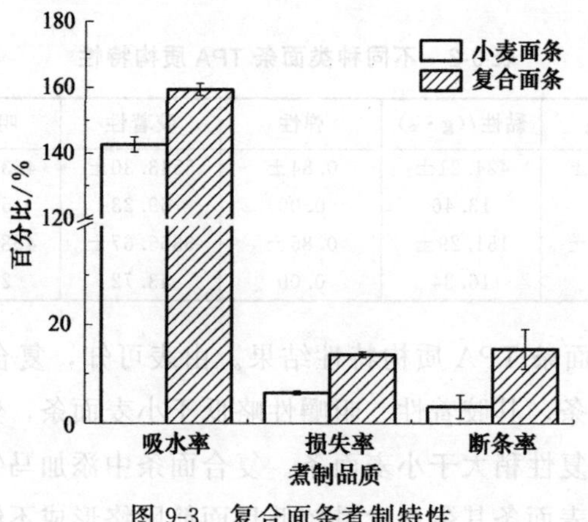

图 9-3 复合面条煮制特性

9.4.5 马铃薯燕麦复合面条氨基酸分析

复合面条与普通小麦面条的氨基酸分析见表9-3，赖氨酸作为谷物类的第一限制氨基酸，在小麦蛋白中含量较少，复合面条中富含大量的马铃薯粉及一定量的燕麦粉，均有助于增加赖氨酸含量，所以复合面条的赖氨酸含量明显高于普通小麦面条。其中复合面条中人体必需氨基酸含量大部分高于小麦面条，如缬氨酸、苯丙氨酸、异亮氨酸等。复合面条中的丝氨酸、甘氨酸含量高于小麦面条，对降低胆固醇有一定作用；复合面条中的天冬氨酸、丙氨酸也高于普通面条，可以起到一定的保护肝脏的作用，有利于预防心肌梗死；复合面条中的亮氨酸含量较高，有利于降低血糖。

表9-3 复合面条氨基酸分析 单位：%

名称	天冬氨酸	谷氨酸	丝氨酸	组氨酸	甘氨酸	苏氨酸	精氨酸	丙氨酸	酪氨酸
小麦面条	0.5506	4.2594	0.4379	0.2409	0.4116	0.3545	0.4079	0.3532	0.2284
混合面条	0.9719	4.1029	0.5369	0.2268	0.4634	0.3725	0.5326	0.4401	0.2432
名称	半胱氨酸	缬氨酸	甲硫氨酸	苯丙氨酸	异亮氨酸	亮氨酸	赖氨酸	脯氨酸	
小麦面条	0.0647	0.5369	0.1718	0.5514	0.458	0.7777	0.2311	1.2414	
混合面条	0.0449	0.6488	0.1626	0.6354	0.531	0.867	0.3798	1.1685	

9.5 本章小结

本章通过测定XRD晶体结构、红外光谱、质构特性、蒸煮特性及氨基酸分析来表征马铃薯燕麦复合面条的性质，并与普通小麦面条进行对比，结果表明：马铃薯燕麦复合面条为C型晶体结构，晶相含量低，晶格有序化程度降低，马铃薯及燕麦的加入改变了淀粉颗粒的内部堆积状态，使其结晶度降低。通过红外光谱可知，复合面条无定型淀粉构象较多，结晶度变差，氢键强度增强，对其力学特性和持水性均有影响。复合面条的硬度、咀嚼性低于小麦面条，但其弹性、回复性、吸水率高于普通小麦面条。通过氨基酸分析可知，马铃薯燕麦复合面条中的必需氨基酸较多，高于普通小麦面条，对降低血糖、胆固醇等有一定作用。

第10章

基于响应面法优化马铃薯燕麦复合面条热泵-热风联合干燥工艺

10.1 概述

国内外对面条的干燥已有较多研究，大部分依然采用传统的热风干燥，但也有一些新型干燥方法，如真空冷冻干燥、过热蒸汽干燥、红外干燥等，这些新型干燥方式均对面条品质有一定影响。

热泵干燥是干燥系统在较低温度的热源处吸取热量并通过循环使热能在较高温度下发挥作用的一种干燥方法。热泵干燥的显著特点是节能，并可以有效保证产品质量，但在干燥后期速率较低。热风干燥设备简单、成本较低、处理量大，但对产品品质影响较大。单一的干燥方法难以实现最优干燥策略，所以选择热泵联合热风干燥，前期采用低温热泵空气封闭循环干燥，避免干燥过程中外界气体交换引入杂质并可防止产品氧化，从而保证产品质量、节约能耗，后期采用高温热风干燥加快干燥速率，实现高品质、低能耗、环境友好的干燥目标。

热泵-热风联合干燥已应用于果蔬领域，比如胡萝卜、莴、红枣等，结果表明联合干燥产品品质优于单一干燥且能耗较低。但在面条领域鲜见使用，面条干燥主要采用传统的烘房技术，耗时较长、能耗较高，而红外干燥等新型干燥技术的应用虽可以缩短干燥时间，但干制品品质较差，为得到品质好能耗低的产品，本章引入新型热泵-热风联合干燥技术对马铃薯燕麦复合面条进行干燥处理，采用响应面法优化干燥参数，得到复合面条干燥的最佳工艺参数。

10.2 材料与设备

10.2.1 材料与试剂

同第 8 章 8.2.1。

10.2.2 仪器与设备

表 10-1　主要仪器与设备

仪器名称	型号	生产厂家
电热鼓风干燥箱	101 型	北京科伟永兴仪器有限公司
热泵干燥机	GHRH-20 型	广东省农业机械研究所
压面条机	FKM-20 型	永康市炫林工贸有限公司

10.3 试验方法

10.3.1 复合面条生产工艺要点

同第 8 章 8.3.3。

10.3.2 热泵-热风联合干燥单因素试验

10.3.2.1 热泵温度对联合干燥的影响

将鲜湿面条进行热泵-热风联合干燥处理，分别将热泵温度设置为 25℃、30℃、35℃、40℃、45℃，转换点含水率 25%，热风温度为 40℃。测定其在不同热泵温度下的干燥指标及品质指标。

10.3.2.2 转换点含水率对联合干燥的影响

将鲜湿面条进行热泵-热风联合干燥处理，分别将转换点含水率设置为 15%、20%、25%、30%、35%，热泵温度为 35℃，热风温度为 40℃。测定其在不同转换点含水率下的干燥指标及品质指标。

10.3.2.3 热风温度对联合干燥的影响

将鲜湿面条进行热泵-热风联合干燥处理，分别将热风温度设置为 30℃、35℃、40℃、45℃、50℃，热泵温度为 40℃，转换点含水率 25%。测定其在不同热风温度下的干燥指标及品质指标。

10.3.3 响应面优化试验

根据单因素试验，采用 Box-Behnken 设计，以热泵温度（A）、转换点含水率（B）、热风温度（C）为试验因素，以综合评分（R）为响应值，设计 3 因素 3 水平试验，因素与水平设计见表 10-2。

表 10-2 响应面试验及水平

水平	因素		
	A 热泵温度/℃	B 转换点含水率/%	C 热风温度/℃
−1	30	20	35
0	35	25	40
1	40	30	45

10.4 指标测定

10.4.1 有效水分扩散系数的测定

同第 8 章 8.3.6。

10.4.2 干燥能耗的测定

干燥能耗以每干燥单位质量水分的耗能（kJ/g）计算，干燥过程的总脱水量和干燥能耗按式（10-1）和式（10-2）计算：

$$m_1=m\frac{C_1-C_2}{1-C_1} \tag{10-1}$$

$$N=\frac{3600Pt}{m_1} \tag{10-2}$$

式中，m_1 为脱水质量，g；m 为干品质量，g；C_1 为初始水分含量，%；C_2 为终点水分含量，%；N 为干燥能耗，（kJ/g）；P 为功率，kW；t 为时间，h。

10.4.3 煮制损失率测定

同第 9 章 9.3.5。

10.4.4 感官特性测定

采用感官评定的方式对不同干燥条件下的面条进行煮制并进行感官评分，将样品随机呈现给 10 名有感官评价知识背景的评委，对面条的色泽、外观、口感、食味 4 个因素进行感官评定，并分设 4 个等级见表 10-3。

表 10-3 马铃薯燕麦复合面条感官评定指标

等级	色泽(25 分)	外观(25 分)	口感(25 分)	食味(25 分)
25～20 分	面条颜色正常，光亮	表面结构细密，光滑	有嚼劲，富有弹性，爽口，不粘牙，口感光滑	有马铃薯、燕麦香味
20～15 分	面条颜色稍差，光亮	表面结构细密与光滑度稍差	嚼劲较差，有弹性，爽口，不粘牙，口感稍差	香味稍差
15～10 分	面条颜色稍差，亮度一般	表面结构细密与光滑度一般	嚼劲与弹性稍差，较爽口，稍粘牙，口感一般	无异味
10 分以下	面条颜色发暗，亮度差	表面粗糙，变形严重	嚼劲差，弹性不足，不爽口，发黏，口感粗糙	有异味

10.4.5 综合评分的测定

采用加权综合评分法对干燥能耗、有效水分扩散系数、煮制损失率及感官评分进行综合评分，将各指标进行消除量纲得其评分值，按式（10-3）进行加权综合评分。其中干燥能耗和煮制损失率越小越好，有效水分扩散系数和感官评分越大越好，其综合评分越大越好。式中，各指标权重 $\sum w_j$ 分别为 0.3、0.2、0.2、0.3。

$$y_i^* = \sum w_j \times y'_{ij} \tag{10-3}$$

10.5 结果与分析

10.5.1 不同热泵温度对复合面条联合干燥特性的影响

由图 10-1 可知，随着热泵温度的升高，有效水分扩散系数增大，干燥能

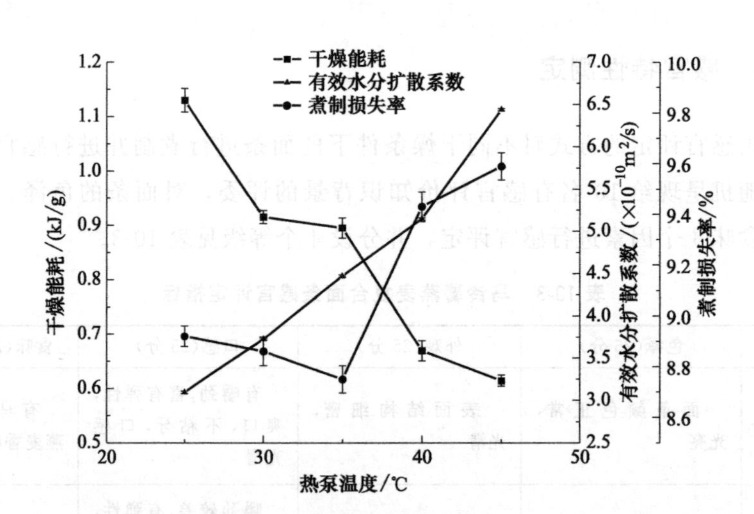

图 10-1 不同热泵温度对复合面条联合干燥特性的影响

耗减小，煮制损失率呈现先减小后增大的趋势。随着热泵温度的升高，干燥介质热空气与复合面条之间的温度梯度增大，温度差能有效推动热量传递，样品与介质的热交换剧烈，在温度升高的同时空气的相对湿度降低，介质与物料之间存在的水分梯度可以推动水分迁移，伴随着表面水分快速蒸发的同时样品内部水分向表面迁移，有利于传质的进行，所以有效水分扩散系数增大。热泵温度的升高可以缩短干燥时间，故其干燥能耗减小。热泵温度过高会使复合面条干燥初期水分扩散较快，表面产生酥面现象，既阻碍了后续干燥的进行，又使面条煮制阶段容易断条，故其煮制损失率增大。

10.5.2 不同转换点含水率对复合面条联合干燥特性的影响

由图 10-2 可知，随着转换点含水率的增大，有效水分扩散系数增大，干燥能耗减小，煮制损失率先减小再增大，在转换点含水率为 30%时达到最小值。前期采用热泵干燥，后期热风干燥，相比较而言前期干燥温度较低，所以转换点含水率越大即越早进行热风干燥，干燥介质与样品的热交换时间越长且温差越大，有利于干燥的进行，所以有效水分扩散系数增大。转换点含水率越大进入热风干燥越早，此时水分下降更快，干燥时间变短，干燥能耗降低。煮制损失率在转换点含水率 30%时最小，转换点含水率过大时热泵干燥的面条还未成型，过高的热风温度使其表面硬化影响品质。

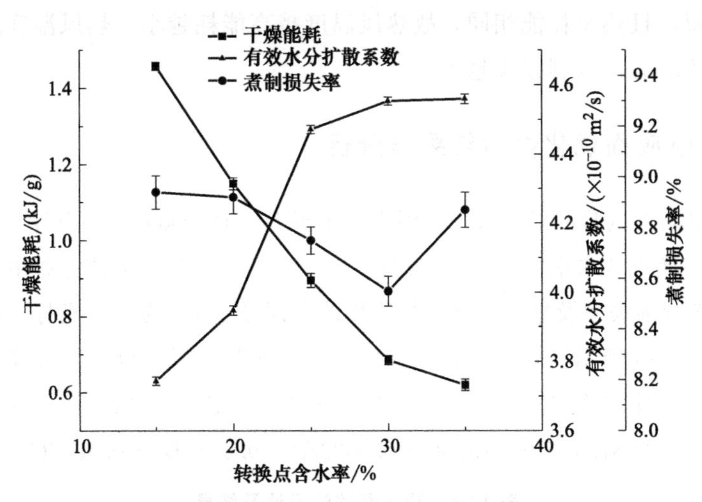

图 10-2　不同转换点含水率对复合面条联合干燥特性的影响

10.5.3　不同热风温度对复合面条联合干燥特性的影响

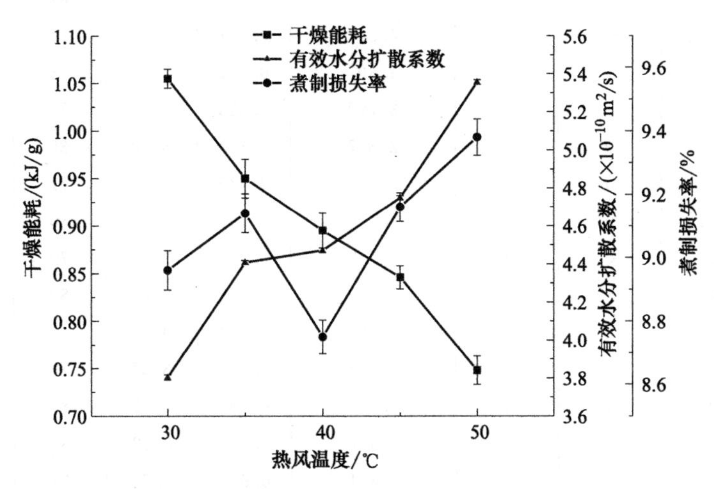

图 10-3　不同热风温度对复合面条联合干燥特性的影响

由图 10-3 可知，热风温度越高，其有效水分扩散越快，消耗的能量越少，煮制损失率基本呈现先降低后升高趋势，在热风温度为 40℃时其煮制损失率最小。在热泵干燥阶段，较低的干燥温度主要促使外部扩散的进行，此时复合面条表面的自由水可以快速蒸发。后期较高温度的热风干燥阶段，干燥方式主要为内部扩散，干燥介质热空气温度越高，温度差的增大可以有效促进热量传递。越易进行热交换，干燥越快，有效水分扩散系数越大。热风温度越高，干燥时间越短，且热泵耗能相同，故热风温度越高能耗越小。热风温度越高越易造成面条的酥面，煮制损失越大。

10.5.4 响应面优化试验结果与分析

根据单因素试验结果，采用3因素3水平Box-Behnken试验设计，以热泵温度（A）、转换点含水率（B）、热风温度（C）为因素，以有效水分扩散系数、干燥能耗、煮制损失率及感官评分加权所得综合评分（R）为响应指标，试验方案及结果如表10-4所示。对试验数据进行多项式回归分析，得到综合评分与各因素的回归模型方程为：$R=-2.6950+0.0913A+0.1251B-0.0307C-0.0011AB+0.0031AC+0.0014BC-0.0029A^2-0.0022B^2-0.0013C^2$。

表10-4 响应面试验设计及结果

试验号	A 热泵温度/℃	B 转换点含水率/%	C 热风温度/℃	有效水分扩散系数/($\times10^{-10}$ m²/s)	干燥能耗/(kJ/g)	煮制损失率/%	感官评分	综合评分
1	−1	−1	0	3.337	0.912	9.34	81	−0.032
2	1	−1	0	4.851	0.751	10.4	71	−0.155
3	−1	1	0	2.807	0.631	8.72	86	0.245
4	1	1	0	3.792	0.613	9.83	76	0.009
5	−1	0	−1	2.867	0.851	8.78	86	0.125
6	1	0	−1	3.425	0.779	9.49	71	−0.160
7	−1	0	1	3.59	0.757	8.94	80	0.089
8	1	0	1	6.12	0.568	9.37	70	0.110
9	0	−1	−1	3.40	1.131	9.01	80	−0.129
10	0	1	−1	4.093	0.594	8.58	75	0.151
11	0	−1	1	3.815	0.951	8.87	74	−0.105
12	0	1	1	3.846	0.595	8.52	84	0.311
13	0	0	0	4.367	0.999	8.82	82	0.058
14	0	0	0	4.474	0.869	8.74	85	0.198
15	0	0	0	4.465	0.908	8.67	82	0.128
16	0	0	0	4.453	0.921	8.79	85	0.164
17	0	0	0	4.462	0.887	8.71	84	0.172

使用Design-Expert V8.0.6软件对试验结果进行方差分析，方差分析表见表10-5。由方差分析表可知，该模型$p<0.01$，说明该模型显著但失拟项不显著，模型的相关系数$R^2=0.9347$，大于0.9，说明该模型与实际拟合良好，可以用此模型对马铃薯燕麦热泵-热风联合干燥进行预测和模拟。由方差分析

表可知，热泵温度、转换点含水率对综合评分影响的显著性极高（$p<0.01$），热风温度对综合评分影响较显著（$p<0.05$）。在两因素交互试验中，热泵温度和热风温度的交互作用对联合干燥的综合评分影响较显著（$p<0.05$）。对复合面条热泵-热风联合干燥的综合评分影响程度顺序为：转换点含水率＞热泵温度＞热风温度。

表 10-5 回归方差分析

方差来源	平方和	自由度	均方	F 值	p 值	显著性
模型	0.31	9	0.034	11.13	0.0022	**
A 热泵温度	0.049	1	0.049	15.93	0.0052	**
B 转换点含水率	0.16	1	0.16	52.93	0.0002	**
C 热风温度	0.022	1	0.022	7.09	0.0324	*
AB	0.0032	1	0.0032	1.05	0.3390	
AC	0.023	1	0.023	7.61	0.0282	*
BC	0.0047	1	0.0047	1.52	0.2568	
A^2	0.022	1	0.022	7.07	0.0325	*
B^2	0.013	1	0.013	4.29	0.0771	
C^2	0.0041	1	0.0041	1.34	0.2851	
残差	0.021	7	0.0031			
失拟	0.0096	3	0.0032	1.08	0.4537	不显著
纯误差	0.012	4	0.0030			
总和	0.33	16				

注：**. 差异极显著，$p<0.01$；*. 差异显著，$p<0.05$。

10.5.5 响应分析及结果优化

由图10-4因素交互作用的响应面分析图及等高线图可知，热泵温度与热泵温度的交互作用对复合面条热泵-热风联合干燥综合评分的影响较显著，热泵温度和转换点含水率的交互作用及转换点含水率和热风温度的交互作用不显著。通过对二次多项式数学模型的求解得到联合干燥的最佳干燥工艺为：热泵温度33.95℃，转换点含水率30%，热风温度45℃，在此条件下预测的最佳综合评分为0.288。

10.5.6 响应面优化结果的验证

为验证模型的准确性，对模型得出的最佳干燥条件进行验证。考虑到实际操作的情况，对最优工艺参数进行调整，热泵温度为34℃，转换点含水率为

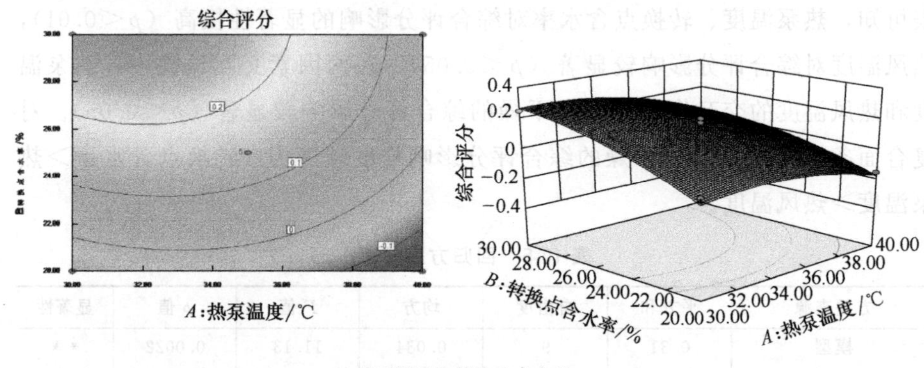

(a) 热泵温度和转换点含水率

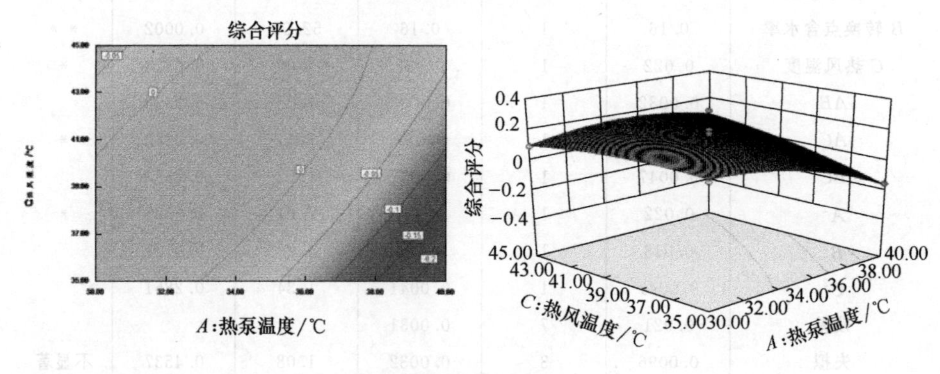

(b) 热泵温度和热风温度

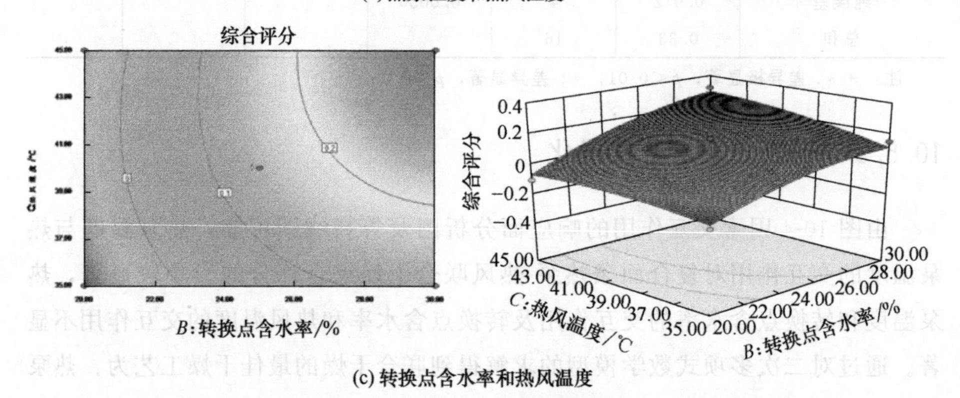

(c) 转换点含水率和热风温度

图 10-4 任意两因素对综合评分影响的响应面及等高线图

30%，热风温度为 45℃，在此条件下进行试验验证，进行 3 次重复试验求其平均值。经验证，在此条件下所得联合干燥的综合评分为 0.281，与预测结果较为接近且重复性较好，说明通过响应面法优化的工艺参数较为可靠，模型有效，可为实际生产提供一定依据。

10.6 本章小结

本章探究了不同干燥条件对马铃薯燕麦复合面条热泵-热风联合干燥特性的影响，随着热泵温度的升高、转换点含水率的增大、热风温度的升高，联合干燥的有效水分扩散系数增大，干燥能耗降低，煮制损失率呈现先降低后升高趋势。通过响应面法对干燥工艺进行优化，结果表明：热泵温度、转换点含水率对综合评分的影响显著性极高，热风温度对综合评分的影响显著性较高，热泵-热风联合干燥的最佳干燥条件为：热泵温度 34℃，转换点含水率 30%，热风温度 45℃，在此条件下所得马铃薯燕麦复合面条的综合评分最高。

第11章

马铃薯燕麦复合面条热泵-热风联合干燥水分迁移规律分析

11.1 概述

在确定马铃薯燕麦复合面条热泵-热风联合干燥最佳干燥条件的情况下，研究复合面条干燥过程中的水分状态变化及迁移规律分析可以更加清晰具体的表现干燥过程。

国外已有关于面条质热传递的研究，Waananen、Villeneuve 等发现面条传质存在蒸汽扩散形式，Waananen、Yong 等发现面条传热主要方式为热传导，但并没有具体表征水分状态的变化。低场核磁共振技术（LF-NMR）分析物料水分变化主要应用于水稻浸种及果蔬中，在面制品中的应用较少。宋平等运用低场核磁共振分析水稻浸种过程中的水分变化，李娜等运用低场核磁技术分析冬瓜样品内部的不同状态水分的变化规律，石芳等运用低场核磁技术发现香菇中水分的主要状态是不易流动水。Lai 等采用低场核磁成像技术（MRI）分析蒸煮面条的水分分布，Lodi 等应用 MRI 发现传统的小麦面包具有的不均匀水质子群在储存期间向周边迁移。通过分析国内外文献，LF-NMR 技术在表征果蔬干燥及面包干燥过程中水分变化已有所应用，但对于中国传统面条干燥过程中的水分状态变化研究较少，对面条干燥机理了解并不清晰。

本章拟通过新型热泵-热风联合干燥技术对其进行干燥处理，研究其干燥特性，并通过 LF-NMR 分析其干燥过程中内部水分的迁移规律及干燥模型的数学表征，为面条的新型干燥技术提供一定的基础依据。

11.2　材料与设备

11.2.1　材料与试剂

同第 8 章中 8.2.1。

11.2.2　仪器与设备

表 11-1　主要仪器与设备

仪器名称	型号	生产厂家
台式扫描电子显微镜	TM3030	日本电子株式会社
LF-NMR 分析仪	NMI20015-V-I	上海纽迈电子科技有限公司
热泵干燥机	GHRH-20	广东省农业机械研究所
电热鼓风干燥箱	101 型	北京科伟永兴仪器有限公司

11.3　试验方法

11.3.1　试验设计

复合面条采用热泵-热风联合干燥，干燥前期采用热泵干燥，保证样品质量，设置热泵温度为 30℃、35℃、40℃，在干燥中期进行干燥方式的转变，设置转换点干基水分含量为 0.20g/g、0.25g/g、0.30g/g，干燥后期采用热风干燥，加快干燥速度，降低能耗，设置热风温度为 35℃、40℃、45℃，整个干燥过程中风速均为 1.5m/s，对相同条件下制备的马铃薯燕麦复合面条进行联合干燥，使其水质量分数降至 13%以下（安全储存水分）。称取相同质量样品 30 组，每间隔 10min 取一组进行称质量，计算对应时刻的干基水分含量，重复实验 3 次求平均值，绘制相应的干燥曲线。

11.3.2　干基含水率的测定

同第 8 章中 8.3.6。

11.3.3　干燥速率的测定

干燥速率按公式（11-1）计算。

$$U_i=\frac{M_{i-1}-M_{i+1}}{t_{i+1}-t_{i-1}} \tag{11-1}$$

式中，X_{i-1}、X_{i+1} 分别为 t_{i+1}、t_{i-1} 时刻物料的干基水分含量，g/g；t 表示时间，min。

11.3.4 有效水分扩散系数测定

同第 8 章中 8.3.6。

11.3.5 干燥曲线的数学表征

参考国内外常用的薄层干燥模型对干燥曲线进行数学表征，实验选取 5 种常用的数学模型进行拟合（表 11-2），选取适用于复合面条联合干燥的模型进行数学表征。

表 11-2 几种常见干燥数学模型

序号	模型名称	模型公式
1	Page	$MR=\exp(-kt^n)$
2	Logarithmic	$MR=a\exp(-kt)+b$
3	Henderson and Pabis	$MR=a\exp(-kt)$
4	Two-term	$MR=a\exp(-kt)+b\exp(-k_1t)$
5	Midilli	$MR=a\exp(-kt^n)+bt$

复合面条在不同干燥条件下的水分比为实测值，使用 Origin 进行非线性拟合，模型拟合由决定系数 R^2、残差平方和 χ^2、误差平方和（SSE）和均方根误差（RMSE）表示，其中 R^2 越大越好，χ^2、SSE、$RMSE$ 均越小越好，以此选择复合面条联合干燥最适合的数学表征模型。各指标根据公式（11-2）～式（11-5）进行计算。

$$R^2=1-\frac{\sum_{i=1}^{N}(MR_{\exp,i}-MR_{pre,i})^2}{\sum_{i=1}^{N}(MR_{\exp,i}-\overline{MR}_{pre,i})^2} \tag{11-2}$$

$$\chi^2=\frac{\sum_{i=1}^{N}(MR_{\exp,i}-MR_{pre,i})^2}{N-n} \tag{11-3}$$

$$SSE=\sum_{i=1}^{N}(MR_{\exp,i}-MR_{pre,i})^2 \tag{11-4}$$

$$RMSE=\sqrt{\frac{\sum_{i=1}^{N}(MR_{pre,i}-MR_{\exp,i})^2}{N}} \tag{11-5}$$

式中，$MR_{pre,i}$ 表示预测水分比；$MR_{\exp,i}$ 表示实测水分比；N 表示实验次数；n 表示参数个数。

11.3.6 水分分布的测定

截取复合面条样品 2cm 放入样品管置于 LF-NMR 分析仪永久磁场的中心位置，利用 Carr-Purcell-Meiboom-Gill 脉冲序列进行扫描，测定样品的自旋-自旋弛豫时间 T_2。参数设置为：采样点数 TD=72008，采样频率 SW=200kHz，采样间隔时间 T_W=400ms，回波个数 Echo Count=2000，回波时间 Echo Time=0.18ms，累加次数 NS=128。每次取样测定重复 3 次，检测完成后保存数据，同时将 T_2 进行反演，迭代次数为 100000 次，得到其反演图像。

核磁共振成像主要通过质子密度加权图像直观显示被测样品的水分含量，截取长 2cm 面条样品放入样品管中，对其进行质子密度二维成像。实验参数：重复时间 T_R=1200ms，回波时间 T_E=20ms，矩阵 256×256。将所得灰度图进行统一映射及伪彩处理，得到样品的质子密度图像。

11.3.7 微观结构的测定

将干燥过程中不同时间下的复合面条放入扫描电子显微镜中进行观察，放大倍数为 500 倍，观察面条的微观结构。

11.3.8 数据处理与分析

同第 7 章 7.3.6。

11.4 结果与分析

11.4.1 热泵温度对复合面条联合干燥的影响

由图 11-1 不同热泵温度条件下复合面条联合干燥曲线和速率曲线可知，热泵温度越高，其热泵干燥阶段干基水分含量下降越快，干燥速率越快，在干基水分含量为 0.25g/g 时改变干燥方式，采取热风干燥，此时干燥条件相同，干燥速率差异不大，整个干燥过程主要表现为降速阶段。由图可知，热泵干燥温度为 40℃时干燥时间最短，比 35℃时干燥时间缩短 20min，比 30℃时干燥时间缩短 30min。

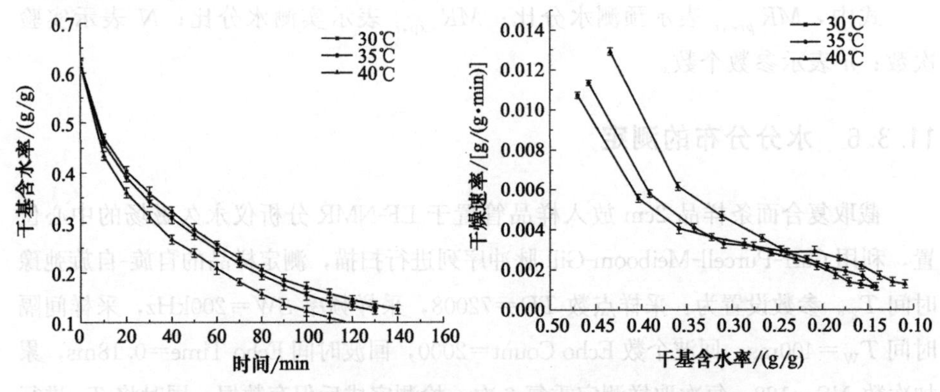

图 11-1 不同热泵温度联合干燥曲线图及速率曲线图

前期热泵温度的升高使传热推动力即温度差增大，导致热流密度增加，热空气与样品的热交换剧烈，同时温度的升高会导致饱和蒸气压升高，空气相对湿度降低，物料表面与热空气及物料内部水分分布不均，造成的浓度差推动传质的进行。样品表面与热空气之间具有较大的水分梯度，伴随着表面水分快速蒸发的同时，样品内部水分向表面迁移，所以干燥前期水分比下降较快，干燥速率较大。随着干燥的进行，样品的水分含量逐渐减少，随着自由水含量的减少，水分梯度也越来越低，样品中的结合水主要依靠氢键与蛋白质的极性基相结合而形成，所以结合水很难渗出，故后期干燥过程变缓。

11.4.2 转换点水分含量对复合面条联合干燥的影响

由图 11-2 可知，不同转换点水分含量条件下复合面条联合干燥曲线和速率曲线趋势基本一致，说明转换点水分含量对干燥的影响较小。转换点水分含量为 0.3g/g 时需要的干燥时间最短，比水分含量为 0.2g/g 时缩短 20min。在热泵干燥阶段，相同条件下的热泵干燥曲线趋势基本一致，后期温度较高的热风与面条进行湿热交换，转换点水分含量越高，即越早进行热风干燥，交换时间越长，且相比较前期热泵干燥，热风温度较高、空气的相对湿度较低，增大的温度差推动传热的进行，同时样品与空气间存在的湿度差会进一步推动传质的进行，扩散阻力减小，更易于干燥的进行，同时缩短干燥时间，减少能量消耗。

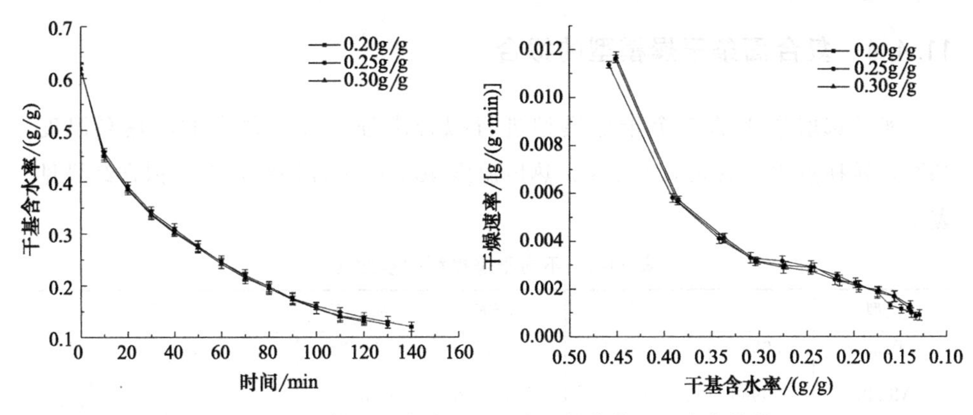

图 11-2 不同转换点水分含量联合干燥曲线图及速率曲线图

11.4.3 热风温度对复合面条联合干燥的影响

图 11-3 为不同热风温度条件下的联合干燥曲线，由图可知热风温度为 45℃时，干燥速率最大，干燥时间较短，比 35℃缩短 40min。在水分含量达到 0.25g/g 以后，热风干燥阶段干燥曲线及速率曲线有明显的差别，温度越高其干基水分含量下降越快，干燥速率越大。在热泵干燥阶段，较低的干燥温度使表面水分扩散较好的进行，自由水可以较快地蒸发，同时避免了温度过高时水分交换过快导致复合面条表面产生酥面的情况。热风干燥阶段，复合面条表面水分已基本脱除，面条结构变得致密，内部传热传质阻力变大，此时内部扩散较难进行，较高的热风温度提供较高的温度差及相对湿度差，从而加快干燥的进行，同时缩短干燥时间。

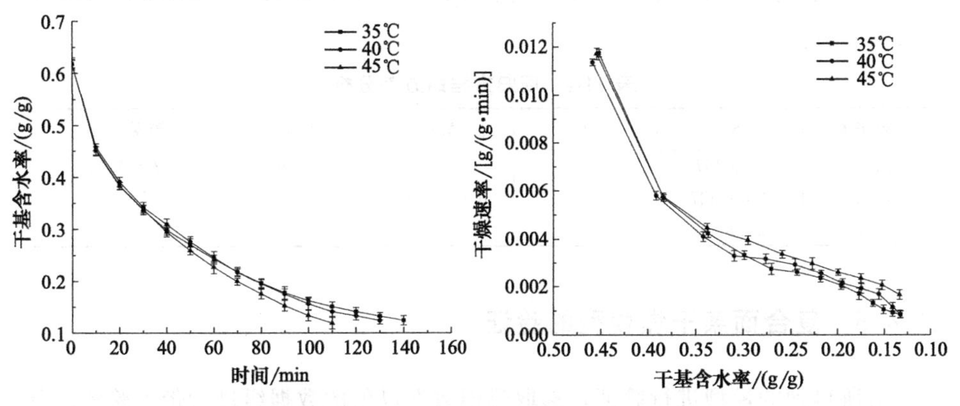

图 11-3 不同热风温度联合干燥曲线图及速率曲线图

11.4.4 复合面条干燥模型的拟合

实验选取常用的 5 个干燥模型进行拟合求证，采用联合干燥热泵温度 35℃，转换点水分含量 0.25g/g、热风温度 40℃的条件进行拟合，拟合结果见表 11-3。

表 11-3 不同干燥模型的参数值

模型	R^2	χ^2	SSE	$RMSE$	参数
Page	0.9880	0.00111	0.0122	0.000938	$k=0.044, n=0.87322$
Midilli	0.9995	5.8562×10^{-5}	5.2706×10^{-4}	0.000041	$a=0.99934, b=-0.00159, k=0.08955, n=0.61474$
Logaeithmic	0.9867	0.00135	0.01352	0.00104	$a=0.9692, k=0.02368, b=-0.02732$
Henderson and Pabis	0.9860	0.00129	0.01424	0.001095	$a=0.95144, k=0.02563$
Two-term	0.9924	8.590×10^{-4}	0.00773	0.028935	$a=0.13145, b=0.86855, k=1010.55677, k_1=0.02$

通过对五种模型的拟合结果可知，Midilli 模型、Two-term 模型的 R^2 均大于 0.99，在可接受范围内。经比较，Midilli 模型的拟合度最高，χ^2、SSE、$RMSE$ 值均较小，说明拟合值与实测值的离散程度较低，偏差较小。故 Midilli 模型为表征复合面条联合干燥最适合的数学模型。

针对 Midilli 模型进行回归分析，方差分析结果见表 11-4，回归方程在 $p=0.01$ 水平显著，可见 Midilli 模型能够表征复合面条在联合干燥过程中干基水分含量的变化，即干燥特性。所以马铃薯燕麦复合面条在此条件下的热泵-热风联合干燥过程中的数学表征式为：$MR=0.99934\exp(-0.08955t^{0.61474})-0.00159t$。

表 11-4 回归方程的方差分析

方差来源	SS	f	MS	F 值	显著水平
回归	2.26767	4	0.56692	9680.679	$p=0.01$
剩余	0.000527	9	0.0000586		
总和	2.26819	13			

11.4.5 复合面条干燥模型的验证

对所得到的模型进行验证，选取建模数据以外的数据组进行带入验证。分别选取不同热泵温度（30℃、35℃、40℃）、不同转换点水分含量（0.2g/g、

0.25g/g、0.3g/g)、不同热风温度(35℃、40℃、45℃)条件下的实测值进行模型验证。经验证，以上条件下得到的实测值与模型预测值均能较好吻合。热泵温度30℃、35℃、40℃条件下的决定系数分别为$R^2=0.99934$、$R^2=0.99948$、$R^2=0.99985$，转换点水分含量0.2g/g、0.25g/g、0.3g/g条件下的决定系数分别为$R^2=0.99952$、$R^2=0.99951$、$R^2=0.99987$，热风温度35℃、40℃、45℃条件下的决定系数分别为$R^2=0.99854$、$R^2=0.99948$、$R^2=0.99988$，不同干燥条件下的决定系数均大于0.99，说明Midilli模型能够较好地表征复合面条联合干燥的干燥特性。

11.4.6 不同干燥条件下复合面条的有效水分扩散系数

复合面条联合干燥不同干燥条件下的有效水分扩散系数如表11-5，不同干燥条件下的有效水分扩散系数为$3.82\times10^{-10}m^2/s$～$5.12\times10^{-10}m^2/s$，该数量级符合食品干燥规律。在不同干燥条件下，随着热泵温度、转换点水分含量、热风温度的增大，有效水分扩散系数也增大，即干燥速率越快。温度越高，样品与物料间的温度差越大，样品与热空气的湿热交换越剧烈，表面水分扩散较快，物料内部水分分布不均匀，有利于内部水分扩散的进行，所以有效水分扩散系数较大。

表11-5 不同干燥条件下复合面条有效水分扩散系数

项目	干燥条件	有效水分扩散系数/(m^2/s)
热泵温度/℃	30	3.82×10^{-10}
	35	4.47×10^{-10}
	40	5.12×10^{-10}
转换点水分含量/(g/g)	0.2	3.95×10^{-10}
	0.25	4.46×10^{-10}
	0.3	4.90×10^{-10}
热风温度/℃	35	4.35×10^{-10}
	40	4.47×10^{-10}
	45	4.88×10^{-10}

11.4.7 复合面条热泵-热风联合干燥过程中的水分状态变化

LF-NMR技术利用氢核在磁场中的自旋特性，以非辐射的方式使其从高能态向低能态转变，利用氢质子的横向弛豫时间T_2来反映水的自由度，即水的流动性，质子密度代表对应水分的信号幅值，可通过弛豫时间T_2及反演图谱可以分析水分状态变化规律。

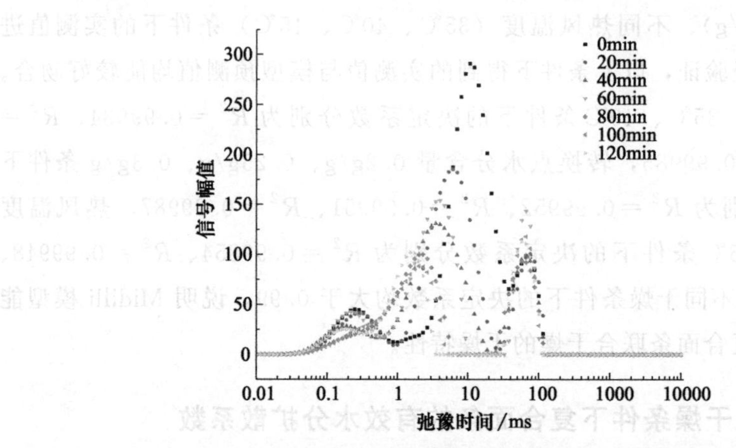

图 11-4　复合面条联合干燥过程中 T_2 图谱

图 11-4 为复合面条干燥过程中弛豫时间 T_2 的反演图谱，干燥过程中不同时刻的图像上均有 2～3 个峰，代表样品中水分的不同存在状态，不同波峰对应的弛豫时间 T_2 由小到大分别记为 T_{21}、T_{22}、T_{23}，对应的峰面积分别记为 A_{21}、A_{22}、A_{23}。T_{21}（0.01～1ms）表示深层结合水，这部分水自由度较低，因为其可以与一些极性基团通过电荷作用或键能作用结合起来，从而形成更加稳定的水分子层；T_{22}（1～10ms）表示弱结合水，其自由度高于深层结合水低于自由水，这部分水可以填充于大分子颗粒的间隙中或蛋白的三维网络结构中，容易向其他形式转化；T_{23}（10～100ms）表示自由水，自由度较高。由图可以看出，在干燥初期，弱结合水含量较高，自由水次之，深结合水含量较

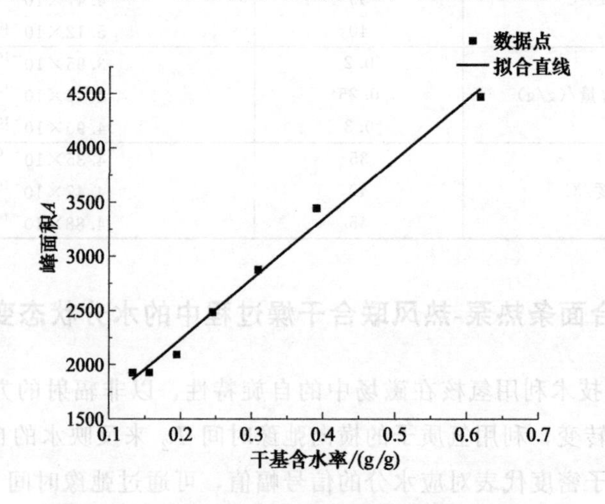

图 11-5　干基水分含量与核磁峰面积的拟合曲线

低，随着干燥的进行，弱结合水不断减少，动态地向深结合水和自由水转化，此结果与魏益民等研究结果一致。深结合水及弱结合水的峰逐渐左移，而自由水的峰基本保持不变，说明在干燥过程中水分自由度降低，且主要是弱结合水自由度降低并向深结合水转化，深结合水与蛋白质、淀粉等大颗粒结合更紧密，自由度降低。

图 11-5 中，横坐标为干燥过程中不同时刻的干基水分含量，纵坐标为干基水分含量对应的各种相态水的峰面积之和，即总水分含量。由图可知，水分峰面积与干基水分含量呈线性关系，经 Origin 软件进行线性拟合，得到其回归方程为 $y=5536.58607x+1128.0721$，用 SPSS 20.0 软件进行回归方程的显著性检验，其相关系数 $r=0.995$，决定系数 $R^2=0.990$，显著性水平 $p<0.01$，可见总水分含量的峰面积与干基水分含量的线性关系极显著，通过其回归方程可以快速有效地求出干燥过程中的干基水分含量。

11.4.8 复合面条联合干燥过程中各相态水的变化规律

由图 11-6 可知，在热泵温度 35℃，干基水分含量 0.25g/g，热风温度 40℃条件下进行联合干燥，随着干燥时间延长，总含水量不断下降，结合水含量呈现下降趋势，自由水含量基本保持不变。干燥前期，结合水含量下降迅速且下降速率较大，主要是因为样品初始水分含量较高，且水分主要以弱结合水形式存在，同时自由水含量较高易于脱除，但此时面筋网络形成不够完善，所以深层结合水也较少。在干燥过程中，样品与热空气具有较大的温度差及湿度差，热交换剧烈，弱结合水快速转化，大部分转化为自由水，扩散至样品表面

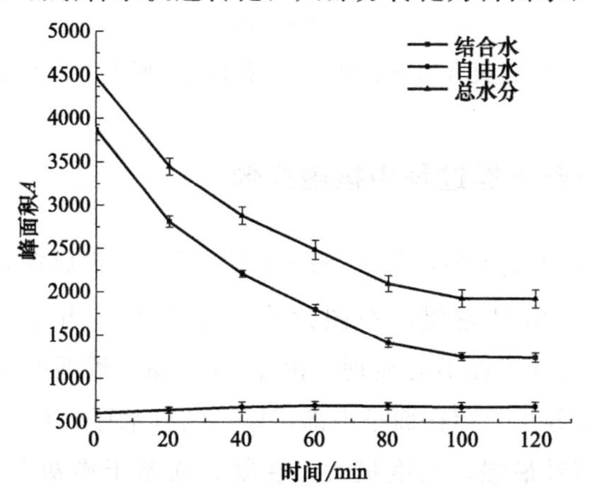

图 11-6 复合面条干燥过程中各相态水变化曲线

蒸发出去，极少一部分转化为深层结合水用于完善面筋结构，与淀粉颗粒结合。在干燥后期，含水量降低速率减慢，出现一段动态平衡时期。此时，样品的主干燥阶段基本完成，湿热传递依赖样品的内部扩散，弱结合水含量较低，且与自由水的转换达到平衡，样品中主要含有稳定的深层结合水和少部分自由水，此时样品已达到平衡水分含量。

由图 11-7 可知，在干燥过程中，各种相态水分含量所占比例有一定变化。弱结合水的持续减少导致结合水占比减少，但随着干燥的进行，样品内部水分进行重新分布，面筋网络形成更加彻底，一部分水分子与大颗粒物质的极性基团通过作用力结合得更加紧密，导致深层结合水的占比稍有增加。自由水的占比呈增加趋势，因为在干燥过程中弱结合水实时向自由水转化且自由水进行蒸发，所以自由水含量基本保持不变，而结合水含量降低，从而导致自由水占比增加。当达到平衡水分含量时，复合面条的结合水较多，其占比大于自由水。

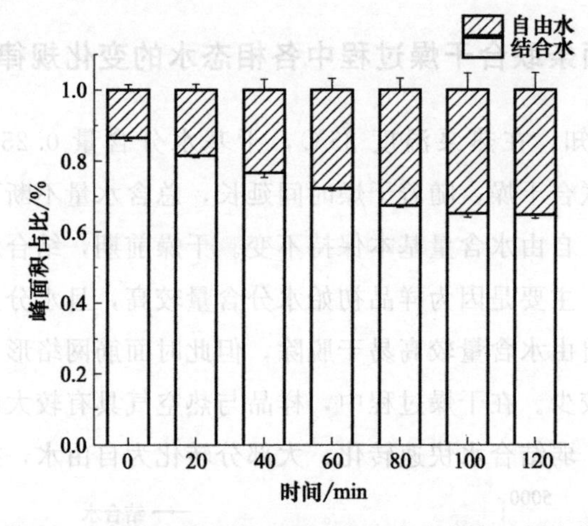

图 11-7 复合面条干燥过程中各相态水所占比例变化

11.4.9 复合面条干燥过程中核磁成像

图 11-8 为复合面条干燥过程中不同时刻的 T_2 加权成像，水分含量越高，氢质子密度越大，信号越强，在图片中亮度越大。当干基水分含量小于 0.45g/g，氢质子密度成像不易显现。由图 11-8 知，鲜湿面条质子密度最大，信号最强，此时水分主要存在面条内部，以弱结合水形式存在，表面附着部分自由水，故中间信号最强，亮度最大。在复合面条干燥初期水分快速下降阶段，随着干燥的进行，面条中间位置信号逐渐减弱，四周表面基本不变，此时

面条中的弱结合水和自由水保持动态转化，内部结合水逐渐减少进行蒸发，表面水分保持动态平衡，变化较小。在干燥后期内部深结合水基本保持稳定，主要是弱结合水向自由水的转移和自由水的蒸发，至其达到安全储藏水分。

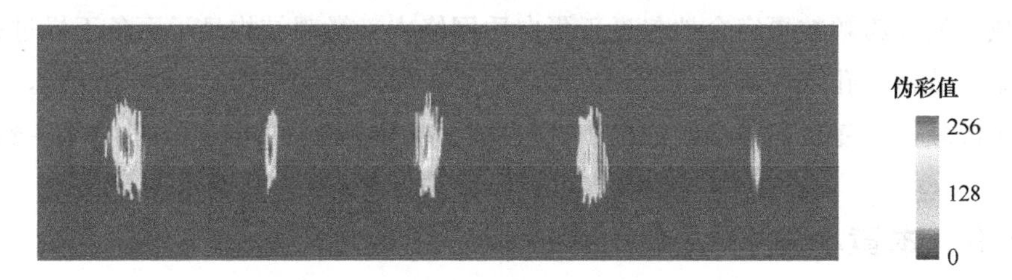

图 11-8 复合面条干燥过程中 T_2 加权成像

干基水分含量分别为 0.62g/g、0.58g/g、0.54g/g、0.50g/g、0.45g/g

11.4.10 复合面条联合干燥过程中微观结构变化

图 11-9 为干燥过程中复合面条的微观结构，图 A 为鲜湿面条的微观结构，淀粉颗粒分布不均匀且有较多孔隙，复合面条主要成分中含有较少的醇溶蛋白和谷蛋白，所以蛋白形态不甚明确，同时难以形成完整稳定的面筋网络，大分子淀粉颗粒只有少部分被包裹。图 F 为达到平衡水分含量的复合面条，面条结构明显较为致密，基本没有孔隙，淀粉颗粒基本完全包裹于面筋网络中。

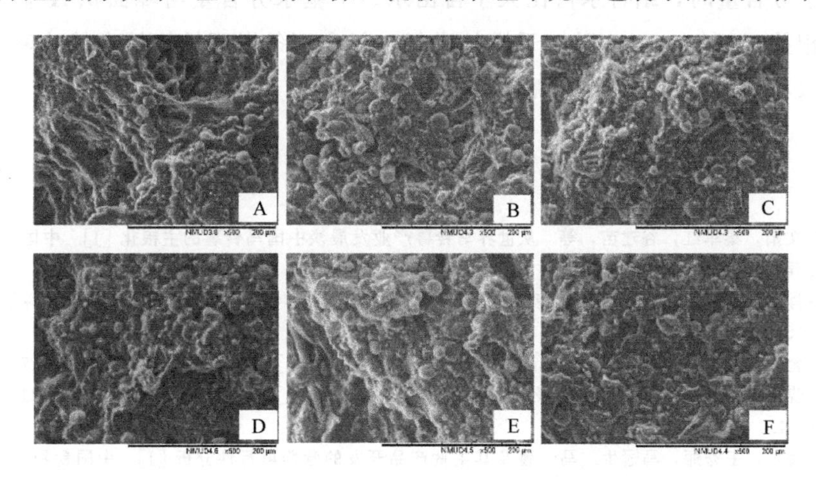

图 11-9 复合面条联合干燥过程中微观结构图（×500）

A～F 分别为复合面条联合干燥 0min、20min、40min、60min、80min、100min

随着干燥的进行，鲜湿面条表面及内部水分进行迁移及重新分布，通过水分及热量的作用，少量蛋白质发生交联，孔隙呈现减少趋势，面条结构更加致密。在干燥过程中，面条表面水分较快地被脱除，大部分处于蛋白质及淀粉大颗粒间隙的弱结合水通过内部扩散被脱除，使面条孔隙减小，另一小部分弱结合水通过热作用与蛋白质及淀粉颗粒更紧密地结合，用于巩固完善面筋蛋白的形成，使淀粉颗粒更完全地包裹于蛋白质网络中。微观结构显示面条干燥过程中结构致密、孔隙变小，这会减少传质通道，所以干燥后期干燥速率降低，水分扩散较慢，复合面条微观结构表现出来的规律与LF-NMR检测的结果一致。

11.5 本章小结

马铃薯燕麦复合面条在热泵-热风联合干燥过程中，随着热泵温度的升高，转换点水分含量的增大，热风温度的升高，复合面条的干燥时间缩短，干燥速率增大，有效水分扩散系数增大，干燥过程主要表现为降速阶段。马铃薯燕麦复合面条的热泵-热风联合干燥可以用Midilli模型进行表征（$p<0.01$），不同干燥条件下复合面条的有效水分扩散系数在$3.82\times10^{-10}\sim5.12\times10^{-10}\ m^2/s$。

鲜湿面条中弱结合水含量最高，面条中部氢质子密度最大，随着干燥的进行，总含水量持续下降，弱结合水且下降最多，弱结合水与自由水保持一段时间的动态平衡，在干燥过程中弱结合水峰左移，峰值降低，自由度降低，到达平衡水分含量时，结合水占比大于自由水。干基水分含量与峰面积A呈极显著正相关（$p<0.01$）。随着干燥的进行，复合面条微观结构越来越致密，深结合水与大分子结合紧密，面筋网络更加完整。

本篇参考文献

[1] 李文娟，秦军红，谷建苗，等. 从世界马铃薯产业发展谈中国马铃薯的主粮化 [J]. 中国食物与营养，2015，21 (7)：5-9.

[2] 卢肖平. 马铃薯主粮化战略的意义、瓶颈与政策建议 [J]. 华中农业大学学报（社会科学版），2015，3：1-7.

[3] 王金秋，武舜臣. 马铃薯主粮化战略的动力、障碍与前景 [J]. 农业经济，2018，(4)：17-9.

[4] 马晓凤，刘森. 燕麦品质分析及产业化开发途径的思考 [J]. 农业工程学报，2005，21 (z1)：242-4.

[5] 徐海泉，王秀丽，马冠生. 马铃薯及其主食产品开发的营养可行性分析 [J]. 中国食物与营养，2015，21 (7)：10-3.

[6] 曾凡逵，许丹，刘刚. 马铃薯营养综述 [J]. 中国马铃薯，2015，(4)：233-43.

[7] EVROPI T，M F S，ALBERT T，et al. Dietary vitamin B6 intake and the risk of colorectal cancer [J]. Cancer Epidemiology，Biomarkers & Prevention，2008，17 (1)：171-182.

[8] 黄相国，葛菊梅. 燕麦（Avena sativa L.）的营养成分与保健价值探讨 [J]. 麦类作物学报，2004，24 (4)：147-9.

[9] 修娇，马涛，韩立宏，等. 燕麦保健功能及其应用 [J]. 食品科学，2005，26 (zl)：109-11.
[10] 柴继宽，胡凯军，赵桂琴，et al. 燕麦 β-葡聚糖研究进展 [J]. 草业科学，2009，26 (11)：57-63.
[11] 梁敏. 燕麦的功能性及保健食品的开发 [J]. 粮油加工与食品机械，2006，4：67-9.
[12] MA Y J，GUO X D，LIU H，et al. Cooking，textural，sensorial，and antioxidant properties of common and tartary buckwheat noodles [J]. Food Science and Biotechnology，2013，22 (1)：153-159.
[13] 李叶贝，任广跃，屈展平，等. 不同粒度马铃薯全粉对复合面条品质的影响 [J]. 食品科学，2017，38 (19)：55-60.
[14] CHOY A-L，MAY B K，SMALL D M. The effects of acetylated potato starch and sodium carboxymethyl cellulose on the quality of instant fried noodles [J]. Food Hydrocolloids，2011，26 (1)：2-8.
[15] 李升，王佳佳，叶发银，等. 3 种改良剂提升高含量紫薯挂面品质的研究 [J]. 食品与发酵工业，2017，43 (11)：146-52.
[16] ZHANG W，SUN C，HE F，et al. Textural Characteristics and Sensory Evaluation of Cooked Dry Chinese Noodles Based on Wheat-Sweet Potato Composite Flour [J]. International Journal of Food Properties，2010，13 (2)：294-307.
[17] 张东仙，项怡，陈永强，等. 添加燕麦麸皮对挂面品质特性的影响 [J]. 食品工业科技，2015，36 (03)：105-109.
[18] 田志芳，石磊，孟婷婷，等. 活性小麦面筋对燕麦全粉面条品质的影响 [J]. 核农学报，2014，28 (07)：1214-1218.
[19] 王乐，黄峻榕，张宁，等. 马铃薯面条制作工艺及品质研究 [J]. 食品研究与开发，2017，38 (01)：78-82.
[20] 杨韦杰，唐道邦，徐玉娟，等. 荔枝热泵干燥特性及干燥数学模型 [J]. 食品科学，2013，34 (11)：104-108.
[21] 张鹏，吴小华，张振涛，等. 热泵干燥技术及其在农特产品中的应用展望 [J]. 制冷与空调，2019，19 (07)：65-71.
[22] 张波，姬长英，蒋思杰，等. 热泵式长豇豆干燥工艺优化 [J]. 食品科学，2018，39 (06)：258-263.
[23] 姬长英，蒋思杰，张波，等. 辣椒热泵干燥特性及工艺参数优化 [J]. 农业工程学报，2017，33 (13)：296-302.
[24] 宋镇，姬长英，张波. 基于 Weibull 分布函数的杏鲍菇干燥过程模拟及理化性质分析 [J]. 食品与发酵工业，2019，45 (08)：71-78.
[25] 孙红霞，孙静儒，朱彩平. 农副产品干燥及其联合技术研究进展 [J]. 食品安全质量检测学报，2019，10 (15)：4982-4987.
[26] 楚文靖，盛丹梅，张楠，等. 红心火龙果热风干燥动力学模型及品质变化 [J]. 食品科学，2019，40 (17)：150-155.
[27] 王凤贺，丁冶春，陈鹏枭，等. 油茶籽热风干燥动力学研究 [J]. 农业机械学报，2018，49 (S1)：426-432.
[28] J R，N M，S S. Changes in amino acids and bioactive compounds of pigmented rice as affected by far-infrared radiation and hot air drying [J]. Food chemistry，2020，306，125644.
[29] SANISO E，PRACHAYAWARAKORN S，SWASDISEVI T，et al. Parboiled rice production without steaming by microwave-assisted hot air fluidized bed drying [J]. Food and Bioproducts Processing，2020，120：8-20.
[30] 徐建国，徐刚，张森旺，等. 热泵-热风分段式联合干燥胡萝卜片研究 [J]. 食品工业科技，2014，35 (12)：230-235.

[31] 李晖，任广跃，时秋月，等．怀山药片热泵-热风联合干燥研究 [J]．食品科技，2014，39 (06)：101-105.

[32] 李健雄，杨艾迪，唐小俊，等．南方波纹米粉丝的热泵-热风组合干燥工艺研究 [J]．食品科学技术学报，2018，36 (02)：69-77.

[33] 卢肖平．马铃薯主粮化战略的意义、瓶颈与政策建议 [J]．华中农业大学学报（社会科学版），2015，(03)：1-7.

[34] 田晓红，沈群，吴娜娜，等．马铃薯基质对其挂面品质的影响 [J]．中国粮油学报，2018，33 (12)：14-20.

[35] 王丽，罗红霞，李淑荣，等．马铃薯淀粉提取方法的优化研究 [J]．安徽农业科学，2017，45 (32)：84-85.

[36] COLOMBO A，LEóN A E，RIBOTTA P D. Rheological and calorimetric properties of corn-，wheat-，and cassava- starches and soybean protein concentrate composites [J]. Starch - Stärke，2011，63 (2)：83-95.

[37] GIUBERTI G，GALLO A，CERIOLI C，et al. Cooking quality and starch digestibility ofgluten free pasta using new bean flour [J]. Food Chemistry，2015，175：43-49.

[38] JEKLE M，MüHLBERGER K，BECKER T. Starch - gluten interactions during gelatinization and its functionality in dough like model systems [J]. Food Hydrocolloids，2016，54：196-201.

[39] ALVAREZ M D，FERNáNDEZ C，OLIVARES M D，et al. A rheological characterisation of mashed potatoes enriched with soy protein isolate [J]. Food Chemistry，2012，133 (4)：1274-1282.

[40] LI J Y，YEH A I. Gelation Properties and Morphology of Heat - induced Starch/Salt - soluble Protein Composites [J]. Journal of Food Science，2003，68 (2)：571-579.

[41] FAN M，HU T，ZHAO S，et al. Gel characteristics and microstructure of fish myofibrillar protein/cassava starch composites [J]. Food Chemistry，2017，218：221-230.

[42] LI J Y，YEH A-I，FAN K-L. Gelation characteristics and morphology of corn starch/soy protein concentrate composites during heating [J]. Journal of Food Engineering，78 (4)：1240-1247.

[43] 陈建省，邓志英，吴澎，等．添加面筋蛋白对小麦淀粉糊化特性的影响 [J]．中国农业科学，2010，43 (02)：388-395.

[44] 陈建省，田纪春，吴澎，等．不同筋力面筋蛋白对小麦淀粉糊化特性的影响 [J]．食品科学，2013，34 (03)：75-79.

[45] 汤晓智，尹方平，扈战强，等．乳清蛋白-大米淀粉混合体系动态流变学特性研究 [J]．中国粮油学报，2016，31 (02)：28-32.

[46] 苏笑芳，李淑静，张波，等．大豆分离蛋白-玉米淀粉-谷朊粉共混体系热转变特性 [J]．中国农业科学，2016，49 (18)：3618-3627.

[47] 张笃芹，木泰华，孙红男．马铃薯蛋白及马铃薯蛋白-马铃薯淀粉复合物乳化、热及流变学特性的研究 [J]．食品科技，2015，40 (04)：223-231.

[48] 郑铁松，李起弘，陶锦鸿．DSC法研究6种莲子淀粉糊化和老化特性 [J]．食品科学，2011，32 (07)：151-155.

[49] PAULY A，PAREYT B，BRIER N D，et al. Starch isolation method impacts soft wheat (Triticum aestivum L. cv. Claire) starch puroindoline and lipid levels as well as its functional properties [J]. Journal of Cereal Science，2012，56 (2)：464-469.

[50] 徐芬．马铃薯全粉及其主要组分对面条品质影响机理研究 [D]；北京：中国农业科学院，2016.

[51] 刘畅，阎贺静，常学东．韧化处理对板栗淀粉特性的影响 [J]．中国粮油学报，2018，33 (05)：24-29+36.

[52] ZHAN-HUI L，ELIZABETH D，Y Y R，et al. Physicochemical properties and in vitro starch digestibility of potato starch/protein blends [J]. Carbohydrate polymers，2016，154：214-222.

[53] 赵凯，江连洲，缪铭. 淀粉-蛋白质复合物制备、性质及应用研究 [J]. 现代化工，2007，01：67-70.

[54] BUCSELLA B，TAKáCSÁ，VIZER V，et al. Comparison of the effects of different heat treatment processes on rheological properties of cake and bread wheat flours [J]. Food Chemistry，2016，190：990-996.

[55] BARBIROLI A，BONOMI F，CASIRAGHI M C，et al. Process conditions affect starch structure and its interactions with proteins in rice pasta [J]. Carbohydrate Polymers，2013，92 (2)：1865-1872.

[56] 刘翠，巩阿娜，刘丽，等. 燕麦营养成分与加工制品现状研究进展 [J]. 农产品加工，2015，08：67-70.

[57] LIU S，LI Y，OBADI M，et al. Effect of steaming and defatting treatments of oats on the processing and eating quality of noodles with a high oat flour content [J]. Journal of Cereal Science，2019，89，102794.

[58] MIAO-YU L，YOU-CHENG S，HUI-FANG C，et al. Down-regulation of partial substitution for staple food by oat noodles on blood lipid levels：A randomized，double-blind，clinical trial [J]. Journal of food and drug analysis，2019，27 (1)：93-100.

[59] 汪礼洋，陈洁，吕莹果，等. 主成分分析法在挂面质构品质评价中的应用 [J]. 粮油食品科技，2014，22 (03)：67-71.

[60] 张艳荣，郭中，刘通，等. 微细化处理对食用菌五谷面条蒸煮及质构特性的影响 [J]. 食品科学，2017，38 (11)：110-115.

[61] 曾令彬，赵思明，熊善柏，等. 风干白鲢的热风干燥模型及内部水分扩散特性 [J]. 农业工程学报，2008，07：280-283.

[62] ZHOU M，XIONG Z，CAI J，et al. Convective Air Drying Characteristics and Qualities of Non-fried Instant Noodles [J]. International Journal of Food Engineering，2015，11 (6)：851-860.

[63] 周彤，陈恺，董卓群，等. 基于回归分析法建立杏梅凉果感官评分方程 [J]. 食品与机械，2017，33 (08)：183-188.

[64] 刘文超，段续，任广跃，等. 黄秋葵真空干燥行为及干燥参数的响应面试验优化（英文）[J]. 食品科学，2016，37 (24)：29-39.

[65] 潘治利，田萍萍，黄忠民，等. 不同品种小麦粉的粉质特性对速冻熟制面条品质的影响 [J]. 农业工程学报，2017，33 (03)：307-314.

[66] 王振东，王彦清，周瑞铮，等. 基于主成分分析法的羊肉特征性风味强度评价模型的构建 [J]. 食品科学，2017，38 (22)：162-168.

[67] NIU M，HOU G G，KINDELSPIRE J，et al. Microstructural，textural，and sensory properties of whole-wheat noodle modified by enzymes and emulsifiers [J]. Food Chemistry，2017，223 (Complete)：16-24.

[68] WU K，LUCAS P W，GUNARATNE A，et al. Indentation as a potential mechanical test for textural noodle quality [J]. Journal of Food Engineering，2016，177：42-49.

[69] 刘颖，刘丽宅，于晓红，等. 马铃薯全粉对小麦粉及面条品质的影响 [J]. 食品工业科技，2016，37 (24)：163-7.

[70] 关志强，王秀芝，李敏，等. 荔枝果肉热风干燥薄层模型 [J]. 农业机械学报，2012，43 (02)：151-158+191.

[71] 刘云宏，苗帅，孙悦，等. 接触式超声强化热泵干燥苹果片的干燥特性 [J]. 农业机械学报，2016，47 (02)：228-236.

[72] XINLEI C，SUMEI Z，CUIPING Y，et al. Effect of whole wheat flour on the quality，texture profile，and oxidation stability of instant fried noodles [J]. Journal of texture studies，2017，48 (6)：607-615.

[73] JIANG S, YAO D-D, SUN K, et al. Effects of Different Processing Conditions on the Mechanical Properties of Dry Noodles [J]. Journal of Texture Studies, 45 (5): 387-395.

[74] 韩科研，黄继超，刘冬梅，等. 鸭骨汤酶解液的美拉德反应条件优化 [J]. 食品科学，2018，39 (04)：261-267.

[75] 姜东辉，郭晓娜，邢俊杰，等. 生鲜面条储藏过程中微生物指标、理化性质及组分变化规律 [J]. 中国粮油学报，2019，34 (11)：17-23.

[76] 张克，陆启玉. 小麦乙酰化淀粉的理化性质及对面条品质的影响 [J]. 中国食品学报，2019，19 (01)：111-116.

[77] 张克，陆启玉. 小麦氧化淀粉的理化性质及对生鲜面条品质的影响 [J]. 食品科学，2017，38 (15)：26-30.

[78] 刘锐，吴桂玲，张婷，等. 糯小麦配粉对小麦粉理化性质及面条品质的影响 [J]. 中国粮油学报，2017，32 (09)：15-21.

[79] 罗志刚，徐小娟，陈永志. 微波对马铃薯淀粉螺旋结构及消化性的影响 [J]. 华南理工大学学报（自然科学版），2017，45 (12)：1-7.

[80] 王书雅，翟晨，时超，等. 基于X射线衍射及扫描电子显微镜的马铃薯淀粉掺伪鉴别 [J]. 食品安全质量检测学报，2018，9 (10)：2311-2315.

[81] 任静，刘刚，欧全宏，等. 淀粉的红外光谱及其二维相关红外光谱的分析鉴定 [J]. 中国农学通报，2015，31 (17)：58-64.

[82] IMAN D, AMIRA H, L O F E, et al. Characterization of food additive-potato starch complexes by FTIR and X-ray diffraction [J]. Food chemistry, 2018, 260: 7-12.

[83] 武亮，刘锐，张波，等. 隧道式挂面烘房干燥介质特征分析 [J]. 农业工程学报，2015，31 (S1)：355-360.

[84] 徐雪萌，林冬华，陈留记，等. 基于ANSYS数值模拟的生鲜面条干燥工艺参数的优化 [J]. 中国粮油学报，2018，33 (08)：87-93.

[85] 王岸娜，张天鹏，吴立根. 真空冷冻干燥对面条品质的影响 [J]. 粮油食品科技，2014，22 (03)：72-75+85.

[86] PRONYK C, CENKOWSKI S, MUIR W E. Drying Kinetics of Instant Asian Noodles Processed in Superheated Steam [J]. Dry Technol, 2010, 28 (2): 304-314.

[87] BASMAN A, YALCIN S. Quick-boiling noodle production by using infrared drying [J]. Journal of Food Engineering, 2011, 106 (3): 245-252.

[88] 应林火. 莴笋热泵-热风联合干燥工艺的探讨 [J]. 浙江农业科学，2013，(06)：716-717+22.

[89] WAANANEN K M. Effect of porosity on moisture diffusion during drying of pasta [J]. Journal of Food Engineering, 1996, 28 (2): 121-137.

[90] MERCIER S, MARCOS B, MORESOLI C, et al. Modeling of internal moisture transport during durum wheat pasta drying [J]. Journal of Food Engineering, 2014, 124: 19-27.

[91] YONG Y P, EMERY A N, FRYER P J. Heat Transfer to a Model Dough Product During Mixed Regime Thermal Processing [J]. Food and Bioproducts Processing, 2002, 80 (3): 183-192.

[92] 宋平，徐静，马贺男，等. 利用低场核磁共振及其成像技术分析水稻浸种过程水分传递 [J]. 农业工程学报，2016，32 (17)：274-280.

[93] 李娜，李瑜. 利用低场核磁共振技术分析冬瓜真空干燥过程中的内部水分变化 [J]. 食品科学，2016，37 (23)：84-88.

[94] 石芳，肖星凝，杨雅轩，等. 基于低场核磁共振技术研究不同热风干燥工艺条件下香菇复水过程中的水分传递特性 [J]. 食品与发酵工业，2017，43 (10)：144-149.

[95] LAI H-M, HWANG S-C. Water status of cooked white salted noodles evaluated by MRI [J]. Food Research International, 2004, 37 (10): 990-996.

[96] LODI A, ABDULJALIL A M, VODOVOTZ Y. Characterization of water distribution in bread

during storage using magnetic resonance imaging [J]. Magnetic Resonance Imaging, 2007, 25 (10): 1449-1458.

[97] BALASUBRAMANIAN S, SHARMA R, GUPTA R K, et al. Validation of drying models and rehydration characteristics of betel (Piper betelL.) leaves [J]. Journal of Food Science & Technology, 48 (6): 685-691.

[98] TO? RUL N T, PEHLIVAN D. Mathematical modelling of solar drying of apricots in thin layers [J]. Journal of Food Engineering, 55 (3): 209-216.

[99] JU H Y, SHI-HAO Z, A. S. M, et al. Energy efficient improvements in hot air drying by controlling relative humidity based on Weibull and Bi-Di models [J]. Food & Bioproducts Processing, 2018. 111: 20-29.

[100] 李叶贝，任广跃，屈展平，等. 燕麦马铃薯复合面条热风干燥特性及其数学模型研究 [J]. 食品与机械，2018，34 (01)：49-53+208.

[101] 杨洪伟，张丽颖，纪建伟，等. 低场核磁共振分析聚乙二醇对萌发期水稻种子水分吸收的影响 [J]. Transactions of the Chinese Society of Agricultural Engineering (Transactions of the CSAE), 2018, 34 (17): 276-283.

[102] 诸爱士，夏凯. 瓠瓜薄层热风干燥动力学研究 [J]. 农业工程学报 (1)：365-369.

[103] 关志强，王秀芝，李敏，等. 荔枝果肉热风干燥薄层模型 [J]. 农业机械学报，2012，43 (2)：151-158.

[104] 刘云宏，苗帅，孙悦，等. 接触式超声强化热泵干燥苹果片的干燥特性 [J]. 农业机械学报 (2 期)：228-236.

[105] SUGIYAMA H, KAWAI K, HAGURA Y. Optimization of the Drying Temperature of Noodle Sheets to Reduce Energy Costs and Avoid Foaming Damage [J]. Journal of Food Processing & Preservation, 2014, 38 (4): 1743-1748.

[106] 李东，谭书明，陈昌勇，等. LF-NMR 对稻谷干燥过程中水分状态变化的研究 [J]. 中国粮油学报，2016，31 (07)：1-5.

[107] 陈洁，余寒，王远辉，等. 面条蒸制过程中水分迁移及糊化特性 [J]. 食品科学，2017，39 (4)：39-43.

[108] 魏益民，王振华，于晓磊，等. 挂面干燥过程水分迁移规律研究 [J]. 中国食品学报，2017，017 (012)：1-12.

[109] 张绪坤，祝树森，黄俭花，等. 用低场核磁分析胡萝卜切片干燥过程的内部水分变化 [J]. 农业工程学报，2012，28 (22)：282-287.

[110] XIAOLEI Y, ZHENHUA W, YINGQUAN Z, et al. Study on the Water State and Distribution of Chinese Dried Noodles during the Drying Process [J]. Journal of food engineering, 2018, 233 (SEP.): 81-87.

[111] 宋朝鹏，魏硕，贺帆，等. 利用低场核磁共振分析烘烤过程烟叶水分迁移干燥特性 [J]. 中国烟草学报，2017，023 (004)：50-55.

[112] 刘心悦，杜先锋. 小麦胚芽对馒头水分迁移以及微观结构的影响 [J]. 中国粮油学报，2019，8：1-6.

第三篇

红薯叶-小麦复合面条成型及其干燥特性

第12章

红薯叶-小麦复合面条概述

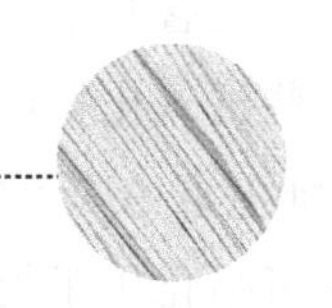

12.1 红薯叶概述

红薯是一种生长能力强且高产的粮食作物，现在已经是我国极其重要的经济农作物之一，在世界各地区都有种植，但中国是其主要的种植大国，其中栽种面积较广地区有东南沿海、长江流域和淮海平原等，包括了山东、河南、重庆、河北、广东、四川、安徽等省市。红薯也已经被列为世界第七大粮食作物，根据资料显示我国2013年的红薯年产量已是世界年总产量的68.40%，达到了7.05亿吨，同庚红薯叶的收获量与之俱增，达到了1亿吨。应国家脱贫政策，农民们因地制宜发展红薯产业助脱贫致富，更好地发挥产业扶贫模式创新对乡村振兴的推动作用，红薯因此变成了“金疙瘩”。红薯块根除被作为主粮外，红薯的茎、叶又是饲料的优良来源。红薯的主要发展模式都在块根，大部分的茎叶被遗弃在田地里造成资源浪费，还造成生态的压力，因红薯叶特有的营养价值，可提升农业发展方式，把红薯叶也作为产业扶贫的支柱，进而更充分利用生物资源，做成红薯特色产业。

红薯叶是红薯藤蔓叶子，又被称为番薯叶和甘薯叶，它是经由人工选择培育以供人们食用消费的蔬菜，由于繁殖速度快，组织代谢能力强，每年可收获多次。因其在生长过程中被病虫侵害的概率较小，所以很少施撒农药和化肥，是天然无公害的绿色食品，在中国的西部乃至世界被誉为“蔬菜皇后”“长寿蔬菜”“抗癌蔬菜”。

红薯叶中蛋白质含量约为2.74%，维生素C为41.07mg·kg^{-1}，维生素

B_2 为 3.5mg·kg^{-1}，钙 74.4mg·kg^{-1}，铁 3.94mg·kg^{-1}。红薯叶与长生韭、苦菜、黄芽菜、胡芹、赤根菜、茄子、倭瓜、白冬瓜、黄瓜、莴笋、花椰菜、西红柿、胡萝卜比较，在 14 种营养成分中，其维生素、蛋白质、碳水化合物、热量、膳食纤维、钙、磷、铁、胡萝卜素等 13 项营养成分含量均居首位。红薯叶中富含叶绿素等有机物质，这些有机物质有助于排出血液中的有毒物质；红薯叶中的抗氧化物含量是我们日常食用的其他蔬菜的 5 倍甚至 10 倍，而这些抗氧化物可提高人体的免疫力；人体日常活动中铁和维生素 E、维生素 C、维生素 A 等的消耗量只需要摄入 300g 红薯叶就能达到平衡，其中维生素 A 还可强化用于提高视力；红薯叶中的钾可有效控制血压的升高；红薯叶中富含的膳食纤维在人体消化系统中的作用突出，可吸水膨胀，加快肠胃的蠕动；红薯叶中还富含多酚、植固醇、黄酮类化合物等，多酚类物质可以抵御细胞癌变的发生，黄酮类物质则对乳汁的分泌有促进作用。除此之外，红薯叶中还有其他蔬菜没有的保健功能，如增强凝血功能、促进降低血糖等。红薯叶中的有机物质不仅可使皮肤紧致，一定程度上还可延缓机体的衰老。

现在已经有大量的红薯叶副产品，例如红薯叶保健茶、红薯叶益生菌健康饮品、红薯叶发酵饮料、红薯叶山楂玫瑰保健清酒及红薯叶戚风蛋糕等。由于储存和运输条件有限，上述产品的加工容易造成原料损失和营养物质的恶化。同时红薯叶利用率较低，大部分都被遗弃在农田，造成严重的环境污染和资源浪费，因此有效开发利用红薯叶已成为亟待解决的问题。红薯叶如若干燥或研磨成粉末，不仅可以减少储存和运输的消损，而且还可更易添加到主食、休闲食品、饮料及干制辅料等食品中，以弥补食品中营养素的不足，提高红薯叶的加工利用率，综合利用资源。

12.2 复合面条概述

面条是亚洲地区的传统主食，由于小麦的精深加工导致面条的营养不均，故有很多复合面条被研发，李园园等创新性把山药加入到鲜湿面条中，探究其最佳工艺配方，弥补了传统面条的功能性和营养性的缺失。Li 等研究了预糊化处理对面条品质的影响，研究了预糊化玉米淀粉的精细结构、理化性质与添加玉米淀粉的面条品质之间的关系，结果表明不同浓度的玉米淀粉制得的面团抗拉强度显著提高，添加玉米淀粉后，面条的平整度显著提高。Ma 等研究对比了 3 个常见和 2 个苦荞品种的复合面条，研究发现荞麦是膳食中多酚的优质来源，抗氧化性强，是营养质量较高的替代品；李叶贝等研究了马铃薯复合面条中马铃薯添加量和添加粒度，发现复合面条的品质在添加量为20%和粒度相近时取得最佳。李升等研究了改良剂对紫薯挂面的影响，发现添加一定比例的魔芋胶、谷朊粉和硬脂酰乳酸钠，紫薯挂面的品质能得到显著改善。Zhang等探究了把红薯粉添加到普通面条中对面条性能的影响，研究发现红薯小麦面条的颜色和感官特性都显著下降，严重影响了面条的品质总分；屈展平等探究了热泵-热风联合干燥马铃薯燕麦复合面条的品质，并分析了复合面条干燥过程中的干燥特性和水分迁移的规律；贾斌等探究青稞粉加入面条后物理方面的变化，青稞粉改变了面条中的水分分布，使大分子结合更紧密；范会平等研究紫薯面条的原料配比，探究了紫薯全粉、谷朊粉和食盐对紫薯全粉面条品质的影响；薛建娥等探究了菠菜胡萝卜挂面的最佳配比，研究发现优化后的复合挂面色泽和感官品质都得到了有效提升；Wang等研究了香菇面条的营养特性和体外消化等，发现添加香菇粉可改善面条的营养状况并降低食品的血糖指数。然而，以红薯叶为原料制备复合面条却鲜有报道。

12.3 复合面条干燥技术

针对面条的干燥方式已有较多研究，但主要运用都是传统干燥方法，对新型干燥技术研究较少。武亮等采用隧道式烘房干燥，研究了风速、温度和相对湿度对面条干燥过程中的影响；C. Pronyk等研究了过热蒸汽干燥面条，对水分比的数学模型进行了区分，以确定加工过程中面条的干燥速度；王岸娜等采用真空冷冻干燥处理面条，发现新鲜面条经真空冷冻的面筋结构遭到破坏且容易断裂；Wang等研究了长隧道干燥机干燥面条过程中能耗变化；Arzu Basman等采用红外干燥，发现红外线可以缩短干燥时间，但一定程度上造成面条熟化。热风干燥（Hot air drying，HAD）设备操作简单，容量大，投资少且运行成本较低，但随着温度的升高，虽可加快干燥速率，但高温会使物料表面发生皱缩、焦化的现象，影响了物料的外观品质，甚至严重影响物料的营养特性，降低了物料的整体价值，对产品品质影响较大。热泵干燥（Heat pump drying，HPD）是通过特制的干燥系统吸收干燥介质中低温废热，再通过系统中封闭的热循环转化为干燥系统中有用热源，不仅干燥成本变低，同时减少废气的排出，降低了环境污染，从而有效控制了干燥介质的温度、湿度、气流速率等。仅用一种干燥方法显然不能保证产品的品质，干燥效率还较低，故选择热泵联合热风干燥，前期的热泵能保证品质，后期的热风能减小能耗的基础上同时降低成本和环境危害。

热泵-热风联合干燥已经广泛被应用于各种果蔬物料的干燥。徐建国等采用不同方式干燥绿茶，发现联合干燥物料的外观品质和茶风味都有明显提高；秦波等研究了不同干燥方式对紫薯特性影响，对比发现微波干燥和真空干燥产品都不如太阳能热泵干燥所得产品综合品质优；季阿敏等将此联合方法用于探究大红皮萝卜的脱水规律；丛海花等曾将此联合干燥方法用到海参的腌渍，结果表明海参复水后的品质得到了明显的改善；任爱清等对比了热泵、热风和联合干燥三种方式下鱿鱼的干燥特性，证实了联合干燥的鱿鱼干品质高于单一干燥方式的品质，降低近五分之二的干燥能耗；张绪坤等对蔬菜脱水的方式进行研究，采用热泵干燥-热风联合干燥的能耗比其他干燥方式低，相对单一干燥方式，胡萝卜的复水品质明显提高；李晖等采用热泵-热风方式干燥怀山药，通过干燥特性的对比确定了联合干燥怀山药的最佳参数。

第13章

预处理对红薯叶干燥特性的影响

13.1 概述

干燥前的预处理对改善物料色泽、减少营养成分流失、缩短干燥时间等有着积极影响。司金金等研究得到，红薯叶的最佳烫漂处理条件为 90℃、50s。马瑞等发现，随着烫漂温度升高，预处理时间变短，黄花菜干制品中抗坏血酸、叶绿素含量提高，褐变度及 5-羟甲基糠醛含量降低，产品色泽较好。超声作为一种现代化食品加工技术，能够较好地保持食品组分的色、香、味及营养物质含量，改变物料组织结构，提高生产效率，减少能源消耗和污染。为了提高干燥效率，热风干燥通常在较高温度下进行，增加了干燥过程中的能耗，同时高温不利于食品中热敏性成分和某些活性成分的保存。将超声用于热风干燥可降低热风干燥温度，减少耗能，提高热风干燥效率。

本章拟介绍超声辅助、超声时间、超声温度、超声功率和烫漂时间、烫漂液 $ZnAc_2$ 与 EDTA-2Na 质量比；烫漂温度对红薯叶热风干燥过程中干基含水率、色泽、叶绿素含量和复水性的影响，以期为红薯叶精深加工和高价值利用提供理论基础。

13.2 材料与设备

13.2.1 材料与试剂

红薯叶：台湾红薯叶，陆马绿色蔬菜农产品基地。

乙醇：分析纯，天津市德恩化学试剂有限公司。

乙酸锌（$ZnAc_2$）：分析纯，天津市科密欧化学试剂有限公司。

乙二胺四乙酸二钠（EDTA-2Na）：分析纯，天津市德恩化学试剂有限公司。

石英砂：分析纯，天津石英钟厂霸州市化工分厂。

碳酸钙粉：分析纯，天津市大茂化学试剂厂。

13.2.2 仪器与设备

表 13-1 主要仪器与设备

仪器名称	型号	生产厂家
电热鼓风干燥箱	101 型	北京科伟永兴仪器有限公司
日立台式电镜	TM3030 型	日本电子株式会社
XT-I5 色差仪	D-110 型	美国爱色丽公司
紫外可见分光光度计	UV-2600 型	上海龙尼柯仪器有限公司
数控超声波清洗器	TM3030 型	昆山市超声仪器有限公司
电热恒温水浴	HH-S4 型	北京科伟永兴仪器有限公司
冰箱	BC 型	青岛海尔股份有限公司
电子分析天平	JA2003-N 型	上海佑科仪器仪表有限公司

13.3 试验方法

13.3.1 烫漂工艺要点

挑选→清洗→沥干→烫漂→冷却沥水→干燥。

① 烫漂时间：固定烫漂温度 90℃、$ZnAc_2$ 与 EDTA-2Na 质量比 1∶1，烫漂时间分别为 30s、60s、90s、120s、150s，探究烫漂时间对红薯叶色泽、叶绿素和复水性的影响。

② $ZnAc_2$ 与 EDTA-2Na 质量比：最佳烫漂时间，烫漂温度 90℃，$ZnAc_2$ 与 EDTA-2Na 质量比分别为 1∶1、1∶2、1∶3、2∶1、3∶1（护色剂总量 $3g \cdot kg^{-1}$ 水），探究 $ZnAc_2$ 与 EDTA-2Na 质量比对红薯叶色泽、叶绿素和复水性的影响。

③ 烫漂温度：最佳 $ZnAc_2$ 与 EDTA-2Na 质量比，和最佳烫漂时间下，烫漂温度分别为 80℃、85℃、90℃、95℃、100℃，探究烫漂温度对红薯叶色泽、叶绿素和复水性的影响。

13.3.2 超声预处理工艺要点

挑选→清洗→沥干→超声→冷却沥水→干燥。

① 超声时间：超声温度60℃、超声功率200 W，超声时间分别为5min、10min、15min、20min、25min、30min，探究超声时间对红薯叶色泽、叶绿素和复水性的影响。

② 超声功率：超声温度60℃、最佳超声时间，超声功率分别为200W、250W、300W、350W、400W，探究超声功率对红薯叶色泽、叶绿素和复水性的影响。

③ 超声温度：最佳超声时间和最佳超声功率下，超声温度分别为40℃、50℃、60℃、70℃、80℃，探究超声温度对红薯叶色泽、叶绿素和复水性的影响。

13.3.3 色泽的测定

参照文献的方法。按式（13-1）和式（13-2）分别计算色度变化值和饱和度。

$$\Delta E=\sqrt{(L-L_0)^2+(a-a_0)^2+(b-b_0)^2} \tag{13-1}$$

$$C=\sqrt{a^2+b^2} \tag{13-2}$$

式中，L为明暗指数；a为红绿值；b为黄蓝值；ΔE表示色差值；C表示色调饱和度；L_0、a_0、b_0为新鲜红薯叶色度值，$L_0=48.81$，$a_0=-6.00$，$b_0=17.69$。

13.3.4 叶绿素的测定

根据文献修改如下：采用比色法准确称取0.20g干制红薯叶，向研钵中加入95%乙醇溶液3mL和少许石英砂、碳酸钙粉（用于中和酸性，防止叶绿素酯酶分解叶绿素）并研磨成均浆，再加入95%乙醇溶液2mL继续研磨至组织细腻变白，滤纸过滤至25mL容量瓶，用滴管吸取95%乙醇溶液将钵体洗净，清洗过滤至容量瓶中，并用95%乙醇溶液沿滤纸周围洗脱色素至滤纸及组织残渣全部变白，用95%乙醇溶液定容至25mL，于645nm和663nm处测定溶液吸光值，按式（13-3）和式（13-4）计算叶绿素含量。

$$N=20.21\times A_{645}+8.02\times A_{663} \tag{13-3}$$

$$D=\frac{N\times V}{m\times 1000} \tag{13-4}$$

式中，A_{663} 为 663nm 波长下红薯叶提取液的吸光度；A_{645} 是 645nm 的波长下红薯叶提取液的吸光度；N 为 25mL 溶液中叶绿素浓度，$mg\cdot L^{-1}$；D 为叶绿素含量，$mg\cdot g^{-1}$；V 为提取液的体积，mL；m 为红薯叶的质量，g。

13.3.5 复水率的测定

取干燥后的红薯叶，加入 300mL 清水，室温下浸泡 2h，滤纸沥干表面水分，称重，每个样品重复 3 次，按式（13-5）计算复水率。

$$R=\frac{m_2-m_1}{m_1}\times 100\% \tag{13-5}$$

式中，R 为干燥红薯叶复水率，%；m_1 为红薯叶样品质量，g；m_2 为样品复水后的沥干质量，g。

13.3.6 干基含水率测定

按 GB/T 5009.2—2016 执行，以干基湿含量表示水分含量，并按式（13-6）进行计算。

$$M_d=\frac{m_w}{m_d} \tag{13-6}$$

式中，M_d 为干基湿含量，$g\cdot g^{-1}$；m_w 为物料中水分含量，g；m_d 为物料中干物质质量，g。

13.3.7 微观结构测定

红薯叶经热风干燥后，取约 $0.2cm^2$ 大小正方形干制品进行微观结构测定。

13.3.8 能耗测定

分为干燥前预处理和干燥过程能耗两部分，只考虑机器自身的实际输出功率能耗，忽略预处理过程和干燥系统中其他设备以及物料自身的热损失，按式(13-7) 计算系统能耗。

$$E=\int_0^{t_1}P_1\mathrm{d}t_1+\int_0^{t_2}P_2\mathrm{d}t_2 \tag{13-7}$$

式中，t_1 为预处理所需时间，s；t_2 为干燥所需时间，s；P_1 为预处理输入功率，W；P_2 为热风干燥箱输入功率，W；E 为总能耗，J。

13.3.9 数据处理

采用 Origin 8.5 软件进行统计分析和作图。

13.4 结果与分析

13.4.1 烫漂工艺对红薯叶干燥的影响

13.4.1.1 烫漂时间对红薯叶干燥的影响

由图 13-1 可知，干基含水率随干燥时间的增长逐渐减小，在相同干燥时间内，随烫漂时间的增长，干基含水率先减小后增大再减小，前期烫漂时间增长有利于红薯叶内部组织结构变得疏松，结合水相对减少，因此所需干燥时间变短，烫漂时间过长会破坏细胞孔隙，不利于水分散失，造成干燥速率减小。叶绿素含量随烫漂时间的增长先增大后减小，当烫漂时间为 60s 时，叶绿素含量最高 (6.96mg・g^{-1})；当烫漂时间为 150s 时，叶绿素含量最低 (5.04mg・g^{-1})，烫漂时间太长一部分叶绿素溶于预处理液中，另一部分叶绿素结构被破坏，因此红薯叶叶绿素含量开始下降。复水率随烫漂时间的增长先减小后增大，当烫漂时间为 30s，120s 时，复水率最高，为 184%，当烫漂时间为 90s 时，复水率最低，为 164%。

由表 13-2 可知，L 值随烫漂预时间的增长先增大后减小，当烫漂时间为 60s 时，达到最大值，此时，C 值较大 (所有产品中颜色最亮的)，ΔE 最小 (与新鲜红薯叶相比色差值最小)，说明适当的预处理可有效减少干燥过程中褐变的发生。烫漂时间为 60s 时，干燥后红薯叶的叶绿素含量最高，叶子表面褐变率最低，颜色最鲜亮，复水比和干燥速率都相对较高，因此选择 60s 为最佳烫漂时间。

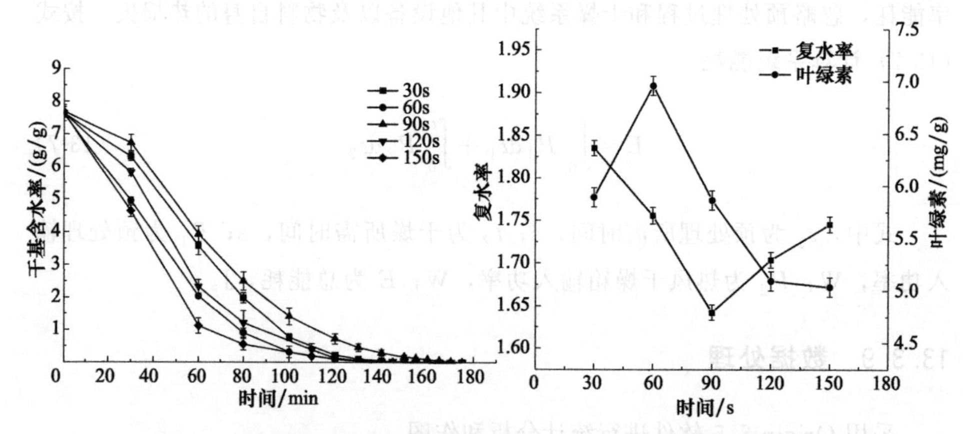

图 13-1 烫漂时间对红薯叶干基含水率、复水率和叶绿素含量的影响

表 13-2 烫漂时间对红薯叶色泽的影响

烫漂时间/s	L 值	a	b	C	ΔE
30	31.94±1.56[a]	−4.49±0.71[bc]	16.31±1.66[ab]	16.83±0.80[ab]	16.99±1.63[c]
60	34.06±1.01[bc]	−3.78±0.91[ab]	16.20±0.80[b]	16.66±0.63[b]	14.99±0.92[ab]
90	32.82±1.34[ab]	−4.89±0.53[c]	17.50±0.98[ab]	18.18±0.26[ab]	16.03±1.34[bc]
120	32.52±1.86[a]	−3.07±0.74[a]	17.98±0.41[a]	18.30±1.66[a]	16.55±1.77[c]
150	27.84±1.12[c]	−3.11±0.42[a]	13.68±1.08[c]	14.28±1.031[c]	21.54±1.25[a]

注：字母不同表示差异显著（$p<0.05$）。

13.4.1.2 $ZnAc_2$ 与 EDTA-2Na 质量比对红薯叶干燥的影响

由图 13-2 可知，在同一干燥时间下，干基含水率随 $ZnAc_2$ 与 EDTA-2Na 质量比的增加先减小后增大，当 $ZnAc_2$ 与 EDTA-2Na 质量比为 2∶1 时，干基含水率最小，干燥速率最快；烫漂液中添加 $ZnAc_2$ 有利于红薯叶表面水分迁移，但添加量过高会锁住水分，阻碍水分移动，使得干燥过程中水分不易蒸发，因此，$ZnAc_2$ 与 EDTA-2Na 质量比不易过高，否则不利于红薯叶的干燥。复水率随 $ZnAc_2$ 与 EDTA-2Na 质量比的增加先增大后减小，当 $ZnAc_2$ 与 EDTA-2Na 质量比为 1∶2 时，复水率达到最大值（176%）。叶绿素含量随 $ZnAc_2$ 与 EDTA-2Na 质量比的增加而增大，当 $ZnAc_2$ 与 EDTA-2Na 质量比为 2∶1 时，叶绿素含量增加开始变得缓慢，可能是烫漂液中的 $ZnAc_2$ 更有利于维护叶绿素结构，能较好地保留红薯叶中的叶绿素。

由表 13-3 可知，L 值随 $ZnAc_2$ 与 EDTA-2Na 质量比的增加先减小后增大，当 $ZnAc_2$ 与 EDTA-2Na 质量比为 1∶1 时，L 值最低，为 31.06，此时红薯叶氧化最严重，颜色最黯淡；当适当地增加 $ZnAc_2$ 与 EDTA-2Na 质量比

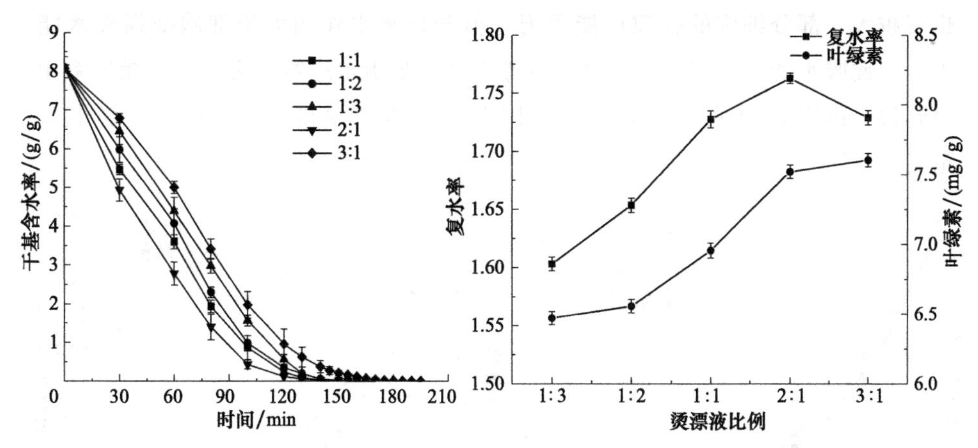

图 13-2　$ZnAc_2$ 与 EDTA-2Na 质量比对红薯叶干基含水率、复水率和叶绿素含量的影响

时，红薯叶表面鲜亮度开始升高，可能是烫漂过程中，$ZnAc_2$ 在红薯叶表面形成一层保护膜，可防止干燥过程中氧气进入红薯叶中，减小氧化程度。当 $ZnAc_2$ 与 EDTA-2Na 质量比 2∶1 时 C 值相对较大，ΔE 相对较小结合干燥后红薯叶的干燥速率、复水率、叶绿素含量以及 L 值可知，$ZnAc_2$ 与 EDTA-2Na 质量比 2∶1 为最佳的质量比，此时干燥效果最佳。

表 13-3　$ZnAc_2$ 与 EDTA-2Na 质量比对红薯叶色泽的影响

$ZnAc_2$ 与 EDTA-2Na 质量比	L 值	a	b	C	ΔE
1∶3	33.23 ± 0.83^{bc}	-2.93 ± 0.64^{a}	7.57 ± 0.93^{c}	8.13 ± 1.09^{c}	20.34 ± 1.78^{b}
1∶2	32.80 ± 1.07^{c}	-3.11 ± 0.55^{ab}	8.37 ± 1.59^{bc}	8.94 ± 1.62^{bc}	20.45 ± 0.9^{b}
1∶1	34.06 ± 1.01^{d}	-3.78 ± 0.91^{ab}	16.20 ± 0.80^{a}	16.66 ± 0.63^{bc}	14.99 ± 0.92^{a}
2∶1	34.94 ± 2.01^{ab}	-3.80 ± 0.89^{ab}	9.44 ± 1.84^{bc}	10.20 ± 1.91^{b}	18.88 ± 1.45^{b}
3∶1	35.62 ± 0.30^{a}	-4.495 ± 1.11^{c}	11.04 ± 1.1^{3b}	11.96 ± 1.19^{a}	18.72 ± 2.83^{a}

注：字母不同表示差异显著（$p<0.05$）。

13.4.1.3　烫漂温度对红薯叶干燥的影响

由图 13-3 可知，烫漂温度对干基含水率影响不显著（$p>0.05$），可能是高温使红薯叶结构变得更通透，细胞完全张开，水分更易蒸发，因此干燥过程中干燥速率较高。叶绿素含量随烫漂温度升高而减小；当烫漂温度为 80℃时，叶绿素含量最高，为 $8.92mg \cdot g^{-1}$；当烫漂温度为 100℃时，叶绿素含量最低；烫漂温度越高，热敏性营养物质越易溶于水中或水溶性营养分子被蒸发至空气中，烫漂温度过高甚至会破坏细胞结构，导致营养物质含量降低。复水率随烫漂液温度的升高先减小后增大，当烫漂温度为 90℃ 时达到最小值(171%)；烫漂温度越高，细胞损坏越大，干燥后产品复水率越小，细胞孔隙也就越大，部分细胞的孔隙可能受损，但开口吸水作用大于细胞受损吸水能力，因此吸水能力越强；继续升高烫漂温度，自由水越容易丢失，干燥速率相对越快，细胞孔隙处于开放状态，因此，当烫漂温度为100℃时，复水率最高。

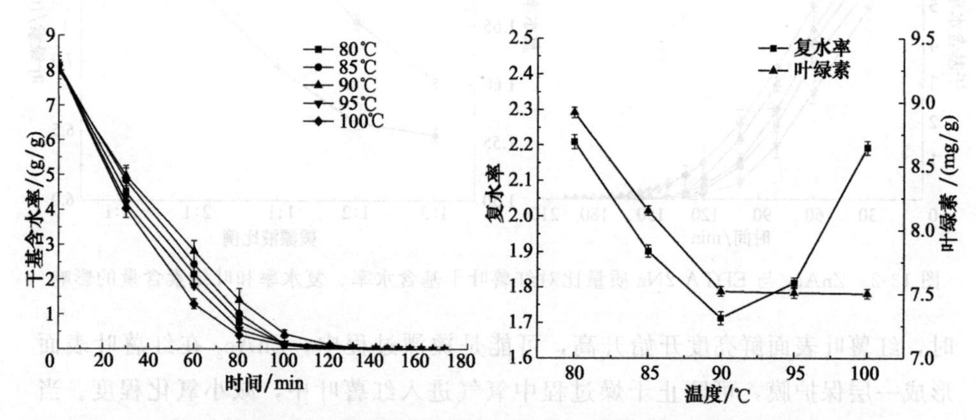

图 13-3 烫漂温度对红薯叶干基含水率、复水率和叶绿素含量的影响

由表13-4可知，L 值随烫漂温度的升高逐渐减小，ΔE 随着烫漂温度的升高逐渐增大，红薯叶表面变得暗淡，当烫漂温度为80 ℃时，L 值最高，为38.86，ΔE 最低为13.07，C 值相对较大。烫漂温度越高，烫漂过程中红薯叶褐变程度越大，叶子表面色素积沉，故干燥后的红薯叶表面颜色稍暗，色泽越差，另一方面可能是红薯叶在高温烫漂后进行冷却沥水过程中与空气接触，温差过大，加快褐变反应形成叶子表面色素沉积。因此选择最佳烫漂温度80℃。

表 13-4 烫漂温度对红薯叶色泽的影响

烫漂温度/℃	L 值	a	b	C	ΔE
80	38.86 ±1.25[a]	−4.13 ± 0.67[bc]	10.07 ± 2.86[ab]	10.92 ± 2.76[ab]	13.07 ±2.35[d]
85	35.01 ± 2.65[b]	−4.535 ± 0.92[c]	11.18 ± 1.78[a]	12.08 ± 1.49[a]	19.70±2.01[c]
90	34.94 ± 2.01[b]	−3.80 ± 0.89[ab]	9.44 ± 1.84[b]	10.20 ± 1.91[b]	18.88 ±1.45[c]
95	30.19 ± 2.83[c]	−5.11 ± 0.71[d]	10.31 ± 1.82[ab]	11.52 ± 1.82[ab]	20.14±3.41[b]
100	29.15 ± 0.72[c]	−3.63 ± 0.83[a]	7.83 ± 1.36[c]	8.64 ± 1.58[c]	24.01±3.24[a]

注：字母不同表示差异显著（$p<0.05$）。

由单因素试验可得，最佳烫漂工艺为烫漂时间60s、烫漂液 $ZnAc_2$ 与 EDTA-2Na 质量比2∶1、烫漂温度80℃，对此工艺条件进行验证实验（$n=3$），结果表明，烫漂预处理后红薯叶干基含水率曲线与前期测得的重合，复水率为189%，叶绿素含量为8.92mg·g^{-1}，L 值为38.86。

13.4.2 超声预处理工艺对红薯叶干燥的影响

13.4.2.1 超声时间对红薯叶干燥的影响

由图 13-4 可知，干基含水率随超声时间的增长先减小后增大。当超声时间为 15min 时，干基含水率最小，干燥速率最快；当超声时间>15min 时，干基含水率突增；当超声时间为 30min 时，干基含水率最大，所需干燥时间最长。复水率与叶绿素含量随超声时间的增长先增大后减小，当超声时间为 10min 时均达最大值（叶绿素含量为 7.42mg·g^{-1}，复水率为 168%）。超声适当时间可以疏化红薯叶的结构组织，加快干燥过程中结合水分的散发；超声波可穿透红薯叶表面，有助于细胞孔隙的开放，超声时间过长会破坏叶子本身的组织结构及含有的营养物质分子，复水性变差，叶绿素含量也急剧下降。

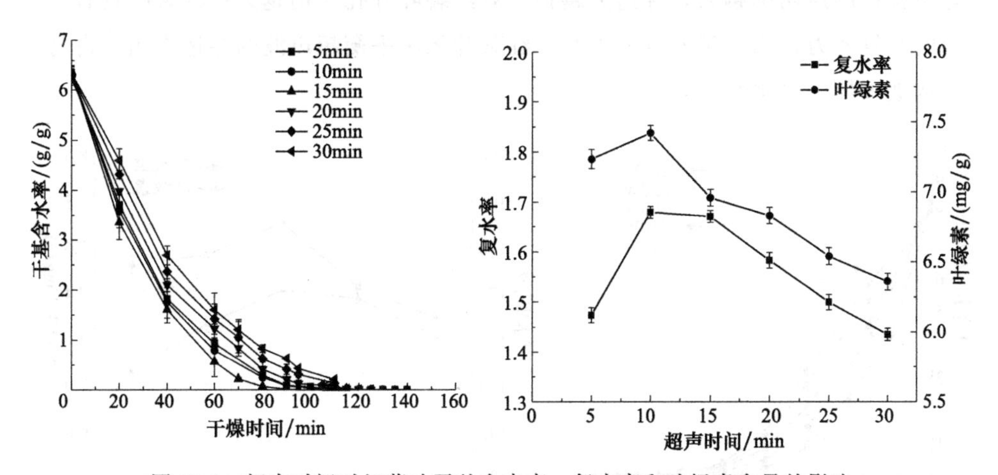

图 13-4 超声时间对红薯叶干基含水率、复水率和叶绿素含量的影响

由表 13-5 可知，L 值随超声时间的增长逐渐下降，红薯叶表面变得灰暗，从而影响色泽的感官评价。超声时间越长，与水接触时间越长，叶子表面氧化程度越高，就会失去红薯原有的色度。当超声时间为 5min 时，L 值最大，与超声 10min 的仅相差 1.47，ΔE 最小，与超声 10min 的仅相差 1.24；当超声 10min 时，色泽饱和度 C 值最高，再结合叶绿素含量和复水率，选择 10min 为最佳超声时间。

表 13-5 超声时间对红薯叶色泽的影响

超声时间/min	L 值	a	b	C	ΔE
5	33.93±2.44[a]	−2.47±0.15[d]	11.91±1.44[ab]	12.17±1.[41ab]	16.38±2.59[c]
10	32.46±3.66[ab]	−1.74±0.43[b]	12.99±1.67[a]	13.11±1.66[a]	17.62±1.54[bc]

续表

超声时间/min	L 值	a	b	C	ΔE
15	30.55±3.86[ab]	−1.51±0.92[ab]	11.95±4.89[ab]	12.13±4.70[ab]	20.03±3.01[bc]
20	29.72±2.91[b]	−1.089±0.39[a]	9.44±1.84[b]	9.50±1.83[b]	21.37±3.29[b]
25	29.00±3.29[bc]	−1.84±0.35[bc]	11.57±1.00[ab]	11.72±1.03[ab]	20.28±2.91[bc]
30	25.34±0.84[c]	−2.42±0.27[cd]	9.16±1.90[b]	9.48±1.86[b]	25.28±0.76[a]

注：字母不同表示差异显著（$p<0.05$）。

13.4.2.2 超声功率对红薯叶干燥的影响

由图 13-5 可知，同一干燥时间下，超声功率越大，干基含水率越大；当超声功率为 200W 时，干基含水率最小、干燥速率最快。叶绿素含量与复水率均随超声功率的升高先增大后减小，当超声功率为 300W 时达到峰值，干燥效果最优。在一定范围内，超声功率越高，干燥速率越慢，影响后期红薯叶的干燥历程；超声功率越大，穿透力越强，对红薯叶开孔作用越大；红薯叶具有一定的回复能力，当大于回复能力时，红薯叶无法平衡超声波的穿透作用，自身结构被破坏，复水性变差。

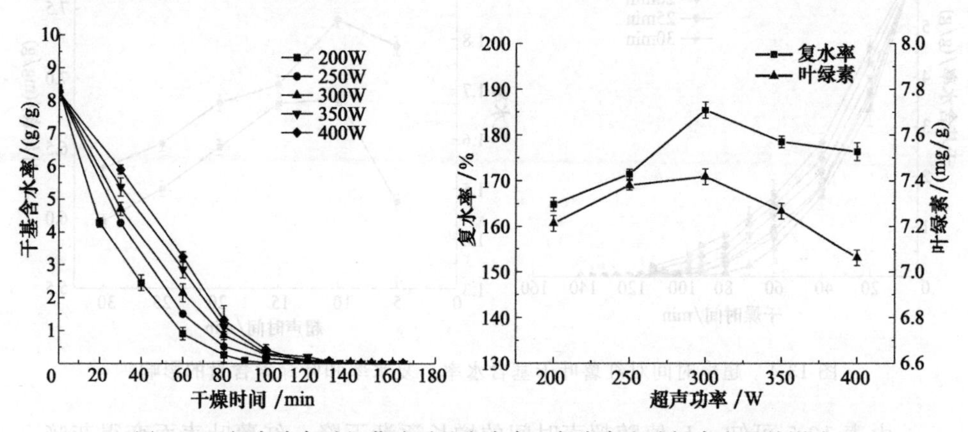

图 13-5 超声功率对红薯叶干基含水率、复水率和叶绿素含量的影响

由表 13-6 可知，L 值和 C 值随超声功率的升高先增大后减小，当超声功率为 350 W 时取得最大值（L 为 37.87、C 为 14.79）；当超声功率＞350W 时，L 值和 C 值急剧下降。ΔE 随超声功率的升高先减小后增大，350W 时，色差最小。当超声功率为 300W 时，L 值为 35.22，C 和 ΔE 与最大值相差较小。在一定范围内，超声功率的增大可有效防止红薯叶在干燥过程中过度氧化，亮度减小。综合考虑，选取 300W 为最佳超声功率。

13.4.2.3 超声温度对红薯叶干燥的影响

由图 13-6 可知，在一定范围内，干基含水率随超声温度的升高而减小，

表 13-6 超声功率对红薯叶色泽的影响

超声功率/W	L 值	a	b	C	ΔE
200	32.46±3.66[c]	−1.74±0.43[a]	12.99±1.67[b]	13.11±1.66[b]	17.62±1.54[a]
250	32.38±4.83[c]	−3.82±0.26[bc]	12.81±2.41[b]	13.38±2.27[b]	17.33±5.00[a]
300	35.22±4.51[a]	−4.02±0.69[c]	13.55±2.00[ab]	14.08±2.10[ab]	14.35±4.93[b]
350	37.87±0.97[a]	−4.00±0.55[c]	14.24±1.20[a]	14.79±1.29[a]	11.68±1.23[c]
400	34.77±2.66[b]	−3.65±0.84[b]	14.13±2.07[a]	14.60±2.16[a]	14.74±3.05[b]

注：字母不同表示差异显著（$p<0.05$）。

可能是超声温度影响了超声波在红薯叶中的穿透能力，导致水分不能较快散失，造成后期干燥速率较低；当超声温度为40℃时，干基含水率最高。复水率随超声温度的升高先降低后增加，当超声温度为60℃时取得最小值（175%），与超声温度越高，细胞组织越疏松不符，可能是超声预处理影响了温度对干燥后红薯叶的复水性。叶绿素含量随超声温度的升高逐渐减小，温度越高，叶绿素越易溶于水中，甚至蒸发散失，当超声温度为40℃时取得最大值（8.89mg·g^{-1}）。

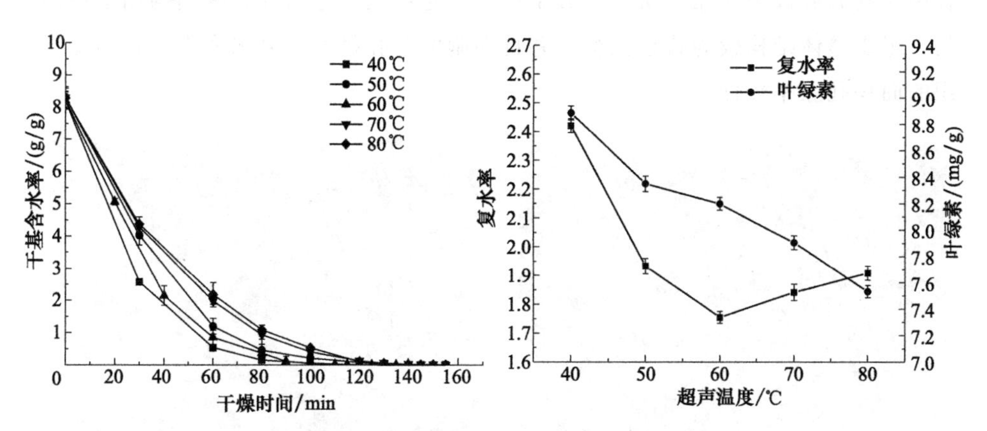

图 13-6 超声温度对红薯叶干基含水率、复水率和叶绿素含量的影响

由表13-7可知，L 值随超声温度的升高而降低，当超声温度为40℃时达最高（36.83），C 值相对较大 ΔE 相对最小，表明超声温度对红薯叶干燥后的色泽影响较大，随超声温度的增大，叶子表面色泽越暗淡。综合考虑，选取40℃为最佳超声温度。

表 13-7 超声温度对红薯叶色泽的影响

超声温度/℃	L 值	a	b	C	ΔE
40	36.83±0.41[a]	−3.46±0.36[a]	10.21±1.62[b]	12.13±4.70[b]	14.41±0.72[b]
50	34.77±2.66[ab]	−3.65±0.84[ab]	14.13±2.07[a]	14.60±2.16[a]	16.91±1.41[b]
60	34.04±1.54[ab]	−3.25±1.02[a]	10.14±1.57[b]	10.67±1.65[b]	14.35±4.93[ab]

续表

超声温度/℃	L 值	a	b	C	ΔE
70	32.71 ± 2.06^{b}	-4.02 ± 1.44^{ab}	10.15 ± 2.51^{b}	10.94 ± 2.77^{b}	18.00 ± 2.74^{a}
80	32.60 ± 1.39^{b}	-4.71 ± 0.65^{a}	9.49 ± 1.15^{b}	10.59 ± 1.32^{b}	18.24 ± 1.45^{a}

注：字母不同表示差异显著（$p<0.05$）。

由单因素试验可知，最佳超声预处理工艺为超声时间 10min、超声功率 300W、超声温度 40℃，对此工艺条件进行验证实验（$n=3$），结果表明，超声预处理后红薯叶干基含水率与前期测得的重合度达 99.9%，复水率为 242%，绿素含量为 $8.88\text{mg}\cdot\text{g}^{-1}$，$L$ 值为 36.83。

13.4.3 红薯叶微观结构分析

由图 13-7 可知，热烫干燥后的红薯叶结构紧密，伸缩率高，细胞开孔率高，脆性更高，表面皱缩率更大，因经过热烫红薯叶表面结构更柔软，干燥过程中遇到高温极易收缩，所以褶皱率更大。超声处理过后红薯叶结构稍平坦均匀，组织整体结构较为疏松完整，并且细胞的开孔稍大，复水率更高，因此组织的面积孔隙率较低。

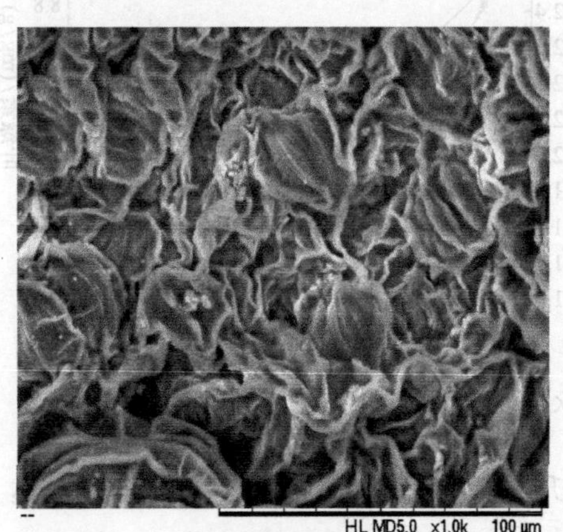

(a) 烫漂预处理

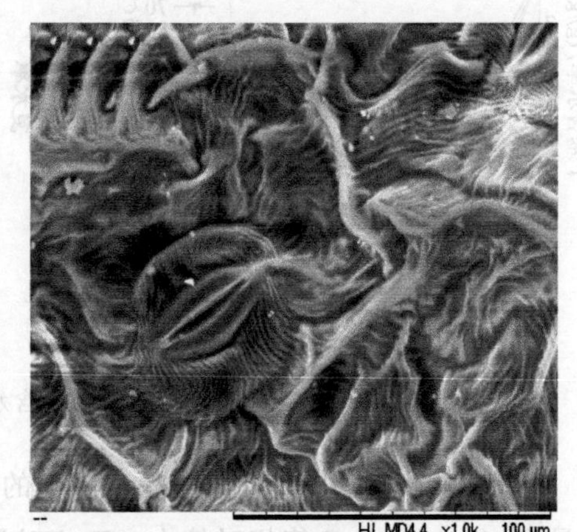

(b) 超声预处理

图 13-7 干燥红薯叶电镜图（×1000）

13.4.4 能耗分析

由表 13-8 可知，烫漂预处理工艺的前处理过程能耗高于超声预处理的，但干燥过程的能耗低，耗时少，总能耗比超声工艺的低 $35.71\text{kJ}\cdot\text{g}^{-1}$。

表 13-8 烫漂与超声预处理下的能耗

工艺	前处理能耗/($kJ \cdot g^{-1}$)	干燥过程能耗/($kJ \cdot g^{-1}$)	总能耗/($kJ \cdot g^{-1}$)
烫漂	14.29±0.27	1002.86±3.32	1017.15±3.30
超声	12.86±0.42	1040.00±4.24	13052.86±4.67

13.5 本章小结

试验结果表明，红薯叶的最佳烫漂工艺为烫漂时间 60s、烫漂液 $ZnAc_2$ 与 EDTA-2Na 质量比 2∶1、烫漂温度 80℃，此时叶绿素含量为 8.92mg · g^{-1}，复水率为 189%，L 值为 38.86；红薯叶的最佳超声工艺为超声时间 10min、超声功率 300W、超声温度 40℃，此时叶绿素含量为 8.88mg · g^{-1}，复水率为 242%，L 值为 36.83。经过护色液烫漂处理的红薯叶干燥后的叶绿素含量和 L 值较高，而经过超声处理的红薯叶干燥后复水率较高；经超声处理的红薯叶干燥速率高于护色液处理的红薯叶的，皱缩率低；经烫漂处理的红薯叶前处理能耗比超声前处理的高 1.46kJ · g^{-1}，总能耗比超声预处理的低 35.71kJ · g^{-1}，本研究为红薯叶干燥预处理工艺提供了新思路。

第14章

红薯叶联合干燥制粉的品质分析

14.1 概述

红薯叶干燥后研磨成粉不仅可以减少储存和运输的消损，还可更易添加到其他主食、休闲食品、复合饮料及干制辅料等食品中，提升产品的功能特性，同时提高了红薯叶的综合利用率。热风设备投资较少、运行成本较低，是果蔬干制品中最经济有效的加工方式，干燥效能高，但对产品品质有一定的负作用。热泵能较好地保证产品品质，但热泵干燥过程的中后期，传热系数开始变小，大部分的结合水被剔除需要时间和热量也随之增多；由于温差变小，干燥室进出口的空气状态变化不大，就会使热泵系统运行的状态变差，干燥效率相对干燥前期降低很多。红薯叶是薄片产品，在干燥过程中品质极易受到影响，因此干燥方式选择对红薯叶粉品质尤为重要。国内外对红薯叶已有较多研究，但大多都是研究其生物活性，只有部分研究其干燥方式。司金金等人采用喷雾干燥、真空冷冻干燥、微波干燥等四种方法对红薯叶进行干燥，结果表明喷雾干燥的红薯叶粉品质最佳，但喷雾干燥的加工成本高，不易在生产中推广应用。

红薯叶是茎叶类产品，在干燥后期叶片容易软化，短时间内结合水很难剔除到安全水分。本章拟采用热泵-热风联合干燥方式对红薯叶进行干燥处理，结合单因素试验和响应面优化研究工艺参数对其干燥品质的影响，在节能保质前提下以期得到红薯叶粉最佳联合干燥工艺参数，提高红薯叶的商用价值，为红薯叶的精深加工奠定理论基础。

14.2 材料与设备

14.2.1 材料与试剂

红薯叶采摘于河南科技大学试验基地，试验时选用外形新鲜完整、颜色青绿均匀一致的红薯叶。无水乙醇、乙酸锌（$ZnAc_2$）、乙二胺四乙酸钠（EDTA-2Na）、石英砂和碳酸钙粉均购于洛阳奥科化玻公司。配制乙酸锌（$ZnAc_2$）与乙二胺四乙酸钠（EDTA-2Na）2∶1的混合溶液（护色剂总量为 $3.00g \cdot kg^{-1}$ 水）。

14.2.2 仪器与设备

表 14-1 主要仪器与设备

仪器名称	型号	生产厂家
电热鼓风干燥箱	101 型	北京科伟永兴仪器有限公司
热泵干燥机	GHRH-20	广东省农业机械研究所
XT-I5 色差仪	D-110 型	美国爱色丽公司
紫外可见分光光度计	UV-2600 型	上海龙尼柯仪器有限公司
高速万能粉碎机	QE-200	浙江屹立工贸有限公司
不锈钢铁丝盘	50cm×50cm	自制

14.3 试验方法

14.3.1 红薯叶制粉工艺要点

新鲜红薯叶→清洗→沥干→烫漂液配制→烫漂→冷却沥水→热泵干燥→热风干燥→制粉→指标测定。上述工艺流程中制粉工序是指干制的红薯叶经高速万能粉碎机粉碎为100目红薯叶粉，备用。

14.3.2 联合干燥单因素试验

红薯叶热泵-热风联合干燥品质与诸多因素有关，如热泵干燥风速、温度和热风干燥温度以及风速、转换点含水率等。具体操作如下，把原重40g预处理好的红薯叶单层平铺干燥盘中，保证物料的覆盖面积达到98%以上。由于红薯叶的厚度较薄，因此设定热泵干燥的风速为 $1.00m \cdot s^{-1}$。以热泵干燥温度、热风干燥温度和转换点含水率为3个试验因素，分别分析其对红薯叶粉单位能耗、叶绿素、色泽L值和吸湿性的影响。

用单因素试验法来分析热泵干燥温度、热风干燥温度和转换点含水率对红薯叶粉的综合影响。在热泵干燥风速为$1.00m \cdot s^{-1}$条件下分别进行试验，试验分为3组，且每次试验做3次平行，记录各组的4项指标。

① 参考张迎敏等的红薯叶预处理方式。

② 热泵干燥温度设定：将热泵干燥温度设置为40℃、45℃、50℃、55℃、60℃，待湿基含水率降至55%，停止热泵干燥，转为热风干燥，根据参考文献中红薯叶热风干燥温度的设定，故初设置热风干燥温度为60℃。

③ 热风干燥温度设定：设置热泵干燥温度为50℃，待含水率降至55%，停止热泵干燥，转为热风干燥，设置热风干燥温度为60℃、65℃、70℃、75℃、80℃。

④ 转换点含水率设定：设置热泵干燥温度为50℃，待含水率降至40%、45%、50%、55%、60%、65%、70%，转为热风干燥。为和单因素热泵试验保持一致，故设置热风干燥温度为60℃。

14.3.3 响应面优化试验

试验设计方法，以热泵干燥温度（A）、热风干燥温度（B）、转换点含水率（C）为自变量，进一步研究这3个因素与联合干燥红薯叶粉单位能耗、叶绿素、色泽L和吸湿性的关系。根据前期单因素试验，确定了各个试验因素，试验因素水平见表14-2。

表14-2 试验因素水平表

水平	因素		
	A(热泵干燥温度)/℃	B(热风干燥温度)/℃	C(转换点含水率)/%
−1	40	60	45
0	50	70	55
1	60	80	65

14.4 指标测定

14.4.1 红薯叶粉水分的测定

含水率根据GB 5009.3—2016测得。

14.4.2 红薯叶粉单位能耗的测定

干燥能耗以每1g水分的能耗（kJ）计算，干燥过程的总脱水量和干燥能耗按公式（14-1）、式（14-2）计算：

$$m_1=m\times\frac{C_1-C_2}{1-C_1} \tag{14-1}$$

$$W=\frac{3600\times P_0\times t}{m_1} \tag{14-2}$$

式中，m_1 为脱水质量，g；m 为干燥终点样品质量，g；C_1 为初始湿基水分含量，%；C_2 为最终湿基水分含量，%；W 为干燥能耗，kJ · g^{-1}；P_0 为功率，kW；t 为时间，h。

14.4.3 红薯叶粉叶绿素的测定

同第13章中13.3.4。

14.4.4 红薯叶粉色差的测定

采用XT-I5型色差仪测量（每组试验条件分别进行3次平行试验）：

$$C=\sqrt{a^2+b^2} \tag{14-3}$$

式中，a 为红绿值；b 为黄蓝值；C 为表示色调饱和度。

14.4.5 红薯叶粉吸湿性的测定

红薯叶粉吸湿性测定，将1.00g红薯叶粉置于玻璃培养皿中，红薯叶粉平铺均匀放置，然后将培养皿置于盛有饱和氯化钠溶液的干燥器中，密封放置7d。红薯叶粉吸湿性 R 按式（14-4）计算：

$$R=\frac{r_0/(M+r_1)}{1+r_0/M}\times 100\% \tag{14-4}$$

式中，r_0 为红薯叶粉吸湿前后质量的改变量，g；M 为红薯叶粉的初始质量，g；r_1 为干燥后红薯叶粉中的水分含量，g。

14.4.6 综合评分的测定

本研究主要是探究一种节能保质的红薯叶干燥方式，故将单位能耗、叶绿素、色泽 L 值、吸湿性这 4 个指标的重要性比例设为 4∶3∶2∶1 进行工艺优化，根据式（14-5）和式（14-6）计算综合评分，其中 $\Sigma w_j=1$，设 y_{jmax} 对应 100 分，y_{jmin} 对应 0 分，对越小越好的指标前为“—”号，综合指标越大越好，单位能耗和吸湿性都是越低越好，因此在计算综合指标时应在单位能耗和吸湿性指标前加“—”号。

$$y'_{ij}=\frac{y_{ij}-y_{jmin}}{y_{jmax}-y_{jmin}}\times 100\% \tag{14-5}$$

$$y_i^*=\sum w_j y'_{ij} \tag{14-6}$$

式中，y_{ij} 为实际指标值；w_j 为指标的加权系数；y'_{ij} 为单个指标评分值；y_i^* 为综合评分值。

14.4.7 数据处理

运用 Origin 8.5、SPSS 和 Design-Expert 8.0.6 软件对红薯叶粉干燥试验数据进行分析和作图。

14.5 结果与分析

14.5.1 热泵干燥温度对红薯叶粉品质的影响

由图 14-1 可知红薯叶粉中的叶绿素含量随着前期热泵干燥温度的升高逐渐增大，在 60℃达到最大值 6.88mg·g^{-1}，前期红薯叶的自由水含量高，热泵高温可加快水分的蒸发，叶子表面气孔被快速封闭，叶绿素氧化还原反应速率变缓，较温和的温度更适合电子传递和及共轭传递，而高温反而会抑制这些反应的进行，因此热泵前期的高温能提高红薯叶粉中叶绿素的保存率。由图 14-1 可知单位能耗随着热泵温度的升高而逐渐降低，因高温能迅速降低叶体的含水率，低温加长前期热泵干燥时间，需要的热能随之增多，由图 14-1 还可看到，在热泵温度为 45℃时下降趋势较陡，而后稍平缓，因此选择合适的热泵温度可有效降低农产品的加工成本。

由图 14-2 可知，红薯叶粉的吸湿性随热泵干燥温度的升高先增大后减小，在 45℃取得最大值 10.71%，吸湿性越高，表示吸收空气中的水分的能力就越强，越不利于后期农产品的储存，较低的干燥温度会使叶体表面皱缩缓慢，叶体比较平整，组织的气孔大多保存完整，因此放置在相同环境中，较低温干燥

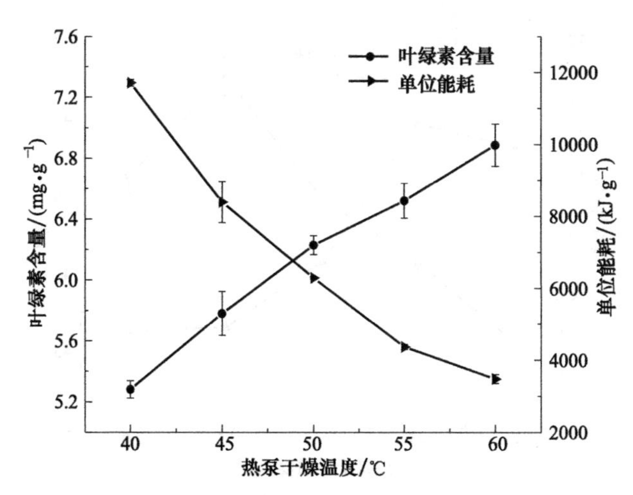

图 14-1 热泵干燥温度对红薯叶粉单位能耗和叶绿素含量的影响

制得的红薯叶粉吸湿性更高。在热泵干燥温度 40℃时，温度过低，需要的干燥时间过长，可能破坏了细胞气孔的完整性，导致吸湿性降低，45℃以后吸湿性迅速降低并趋于平稳，可能是高温加快了叶体的皱缩，大多的组织气孔被封闭，吸收水分的能力需要长时间才能恢复，故高温下制得的红薯叶粉吸湿性较低。由图 14-2 和表 14-3 同时还可看出红薯叶粉 L 值随着热泵温度的提高先逐渐升高，在 55℃达到最大值 46.53，此时粉体色泽最为鲜亮，逐渐升温加速了氧化还原的进行，热泵干燥时间缩短，氧化还原反应沉积的色素反而减少，褐变程度最低，叶体表面最鲜亮，此温度后 L 值开始下降，鲜亮程度开始下降，可能是干燥之前的空气温度与干燥箱中的温度形成巨差使红薯叶骤然失色。温度过低能耗会较高，温度较低品质指标相对不佳，能耗作为试验的重要考察指标，因此选择 50℃作为热泵干燥温度的 0 水平。

表 14-3 热泵干燥温度对红薯叶粉色泽的影响

热泵干燥温度/℃	L 值	a	b	C
40	43.12 ± 1.39^{a}	-0.72 ± 0.11^{a}	9.255 ± 0.41^{c}	9.28 ± 0.412^{c}
45	44.14 ± 1.37^{b}	-1.37 ± 0.12^{a}	10.49 ± 0.72^{bc}	10.59 ± 0.70^{bc}
50	44.96 ± 0.13^{bc}	-1.31 ± 0.07^{bc}	9.755 ± 0.85^{ac}	9.84 ± 1.04^{c}
55	46.53 ± 0.45^{ab}	-1.32 ± 0.07^{c}	10.52 ± 0.901^{b}	10.58 ± 0.94^{c}
60	45.24 ± 1.32^{a}	-1.39 ± 0.06^{ab}	11.82 ± 0.82^{a}	11.95 ± 0.86^{a}

注：字母不同表示差异显著（$p<0.05$）。

14.5.2 热风干燥温度对红薯叶粉品质的影响

由图 14-3 可知，红薯叶粉叶绿素含量随热风干燥温度的升高先增大后减

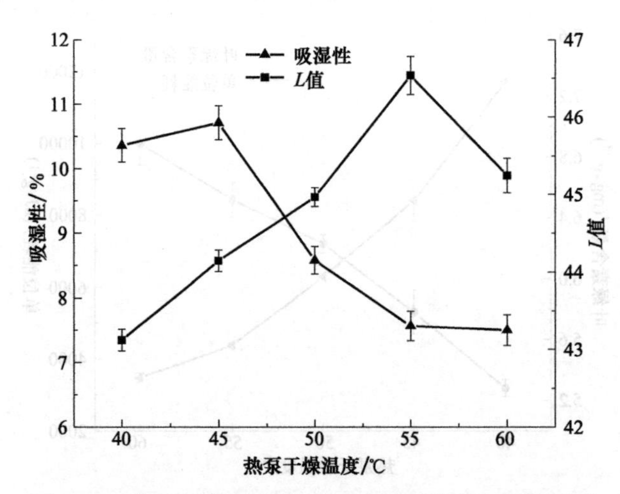

图 14-2 热泵干燥温度对红薯叶粉吸湿性和 L 值的影响

小，在 70℃达到最高值 6.47mg·g^{-1}，高温下电子的运动速度降低，缩短红薯叶表面的氧化还原反应时间，因此叶绿素含量能得以更好地保留，但相对较高的温度可能会加快叶绿素的分解，破坏叶绿素的组织结构。由图 14-3 可知，随着热风干燥温度的升高联合干燥的单位能耗逐渐缓缓降低，干燥后期叶体含有小部分的自由水和结合水，随着干燥的进行，自由水和弱结合水基本被剔除，但强结合水需要更多的热量才能被置换出去，还可能出现软叶现象，叶体内的水分不能及时散发出去，叶子就会缓苏，使强结合水分更均匀分布在叶体

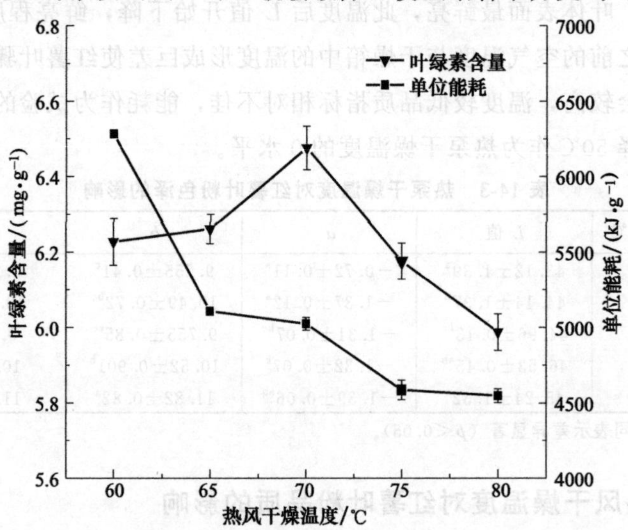

图 14-3 热风干燥温度对红薯叶粉单位能耗和叶绿素含量的影响

的中心层，加深了干燥的深度，高温能快速清除叶子的结合水，缩短它在叶体内的流动时间，降低能耗。

由图 14-4 可知红薯叶粉吸湿性和 L 值都随着热风温度的升高呈现先增大后减小的趋势。60℃是较低的热风温度，大部分的细胞组织孔隙还处于完整状态，稍微的升温还可能提高细胞的孔隙率，吸湿性在 65℃取得最大值，而后继续升温，加快了细胞失水，细胞的孔隙也紧密皱缩，粉粒体的吸水能力就降低了，在 80℃吸湿性最小，耗时也是最短的。由表 14-4 和图 14-4 可以看出红薯叶粉的色泽情况，后期热风干燥温度越低，褐变反应时间越长，色素沉积越多，粉体鲜亮度也就降低了，L 值变小，在 70℃时取得最大值。此后高温，叶体表面局部可能会出现焦化现象，因为温度过高，叶子边缘较薄，失水速率快，已经达到干燥的界定水分，但叶体中心还未到干燥临界点，持续的高温会使叶缘发生焦化反应，加深叶子的褐变程度，故温度越高，粉粒体的鲜亮度越低，综合以上数据分析选择 70℃作为热风干燥温度的 0 水平。

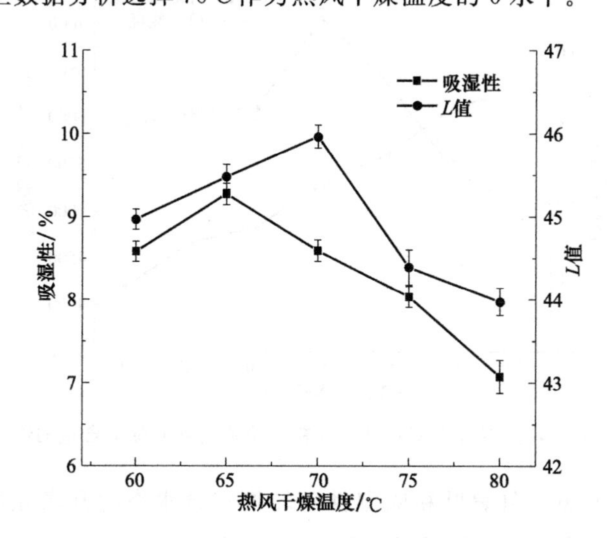

图 14-4 热风干燥温度对红薯叶粉吸湿性和 L 值的影响

表 14-4 热风干燥温度对红薯叶粉色泽的影响

热风干燥温度/℃	L 值	a	b	C
60	$44.96.\pm0.12^{ab}$	-1.31 ± 0.01^{bc}	9.75 ± 0.35^{ab}	$9.84\pm0.32b^{c}$
65	45.47 ± 0.51^{bc}	-1.24 ± 0.11^{a}	10.98 ± 0.21^{c}	11.05 ± 0.22^{c}
70	45.96 ± 0.38^{c}	-1.68 ± 0.09^{c}	11.52 ± 0.57^{a}	11.64 ± 0.85^{c}
75	42.89 ± 0.21^{ab}	-1.04 ± 0.07^{c}	8.98 ± 0.47^{bc}	9.04 ± 47^{c}
80	45.75 ± 1.30^{a}	-1.28 ± 0.08^{b}	9.21 ± 0.42^{ac}	9.20 ± 0.71^{b}

注：字母不同表示差异显著（$p<0.05$）。

14.5.3 转换点含水率对红薯叶粉品质的影响

由图 14-5 可知红薯叶粉叶绿素含量随转换点含水率的增高先增大后减小，相同的干燥温度，转换点含水率越高，前期在热泵低温干燥时间越短，到转换点时叶绿素的含量就越高，在转换点含水率为 55%，红薯叶粉叶绿素达到最大值 6.22mg · g^{-1}，而后随转换点含水率的增大叶绿素含量反而降低，是因为大量叶绿素受后期热风高温的破坏，使得叶绿素被分解，导致叶绿素的保留率下降。由图 14-5 还可知，红薯叶粉单位能耗随着转换点含水率的增高而逐渐降低，前期热泵温度较低，含水率较高时转换能缩短热泵的干燥时间，后期的高温热风环境能快速提高水分的蒸发率，缩短全程干燥时间，总能耗也因此降低。

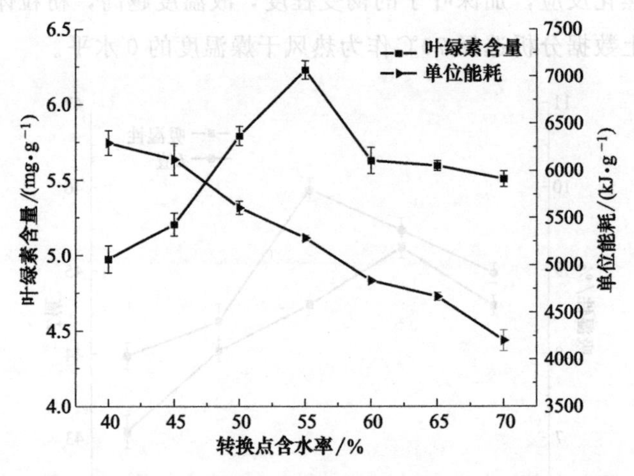

图 14-5 转换点含水率对红薯叶粉单位能耗和叶绿素含量的影响

由图 14-6 可知，红薯叶粉吸湿性随转换点含水率的升高先增大后减小。转换点含水率高就能较快从低温热泵环境转到高温热风中，叶体干燥速率加快，粉粒的细胞组织也变得多孔细腻，吸水能力也增大，过高的转换点含水率，使后期热风干燥起主导作用，细胞的收缩加快，对粉粒体细胞恢复能力有一定的损害，吸湿性也因此变小，故红薯叶粉最佳转换点含水率是 60%。由表 14-5 和图 14-6 可知转换点含水率对红薯叶粉色泽的影响，L 值随转换点含水率升高先增大后减小，热泵低温环境更利于褐变反应的进行，让粉体变得暗淡，提高转换点含水率可以提升粉体的亮度，L 值在转换点含水率 55%取得最高值，但转换点水分含量过高时，后期热风风温可能会使叶边缘发生焦化反应，降低了产品色泽品质，综合各指标的显著性影响，选择55%作为试验转换点含水率的0水平。

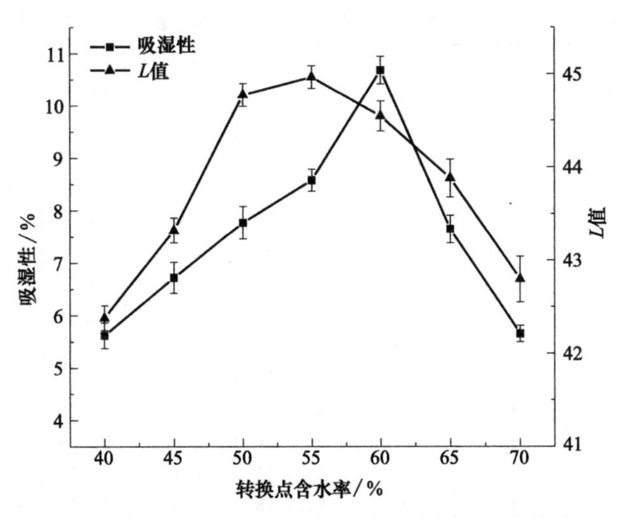

图 14-6　转化点含水率对红薯叶粉吸湿性和 L 值的影响

表 14-5　转换点含水率对红薯叶粉色泽的影响

转换点含水率/%	L 值	a	b	C
40	42.38±1.08[ab]	−0.74±0.01[ab]	8.28±0.91[bc]	8.31±0.46[bc]
45	43.32±1.03[bc]	−1.01±0.02[bc]	9.24±0.47[c]	9.29±0.47[abc]
50	44.75±0.23[bc]	−1.6±0.04[bc]	11.98±0.75[a]	12.09±1.11[cb]
55	44.96±0.12[ab]	−1.31±0.07[cd]	9.75±0.91[b]	9.84±0.84[c]
60	44.54±0.45[a]	−0.92±0.06[ab]	9.21±0.89[ab]	19.26±0.76[ab]
65	42.79±1.09[b]	−1.02±0.05[ab]	8.95±0.49[cd]	9.01±0.41[c]
70	43.88±0.84[bc]	−0.95±0.0[4b]	7.95±0.42[bc]	8.01±0.71[b]

注：字母不同表示差异显著（$p<0.05$）。

14.5.4　响应面试验优化结果与分析

14.5.4.1　响应面试验优化结果

通过响应面法对热泵干燥温度（A）、热风干燥温度（B）和转换点含水率（C）三个因素对单位能耗、叶绿素含量、L 值和吸湿性的综合评分值进行优化设计，结果见表14-6。在单因素试验中根据各个品质指标评定，转换点含水率为55%综合评价最高，故选定转换点含水率为45%、55%、65%三个水平进行响应面分析。

表 14-6 响应面试验设计与结果

试验号	A 热泵干燥温度/℃	B 热风干燥温度/℃	C 转换点含水率/%	单位能耗 /kJ·g^{-1}	叶绿素值 /mg·g^{-1}	色泽 L 值	吸湿性/%	综合评分值
1	0	0	0	5050.00	6.50	46.78	5.50	34.76
2	−1	0	1	9324.00	5.58	43.99	10.36	−15.12
3	1	0	−1	3999.00	4.78	41.06	9.96	−13.45
4	−1	1	0	7515.03	4.62	44.19	5.45	−11.23
5	1	−1	0	3303.51	4.91	41.52	10.30	−7.80
6	0	0	0	4709.98	6.48	46.24	5.71	33.64
7	1	1	0	2353.81	5.49	42.65	7.53	13.67
8	0	0	0	4952.18	6.43	46.76	6.06	32.96
9	0	1	−1	4066.14	5.23	43.41	5.20	9.88
10	−1	−1	0	11809.13	5.79	44.59	6.86	−13.67
11	0	1	1	3490.75	5.54	45.49	7.00	20.17
12	1	0	1	2223.22	5.67	42.04	7.59	14.66
13	0	−1	−1	6000.00	5.65	43.10	5.63	6.00
14	0	0	0	5103.12	6.70	45.73	6.77	31.43
15	0	0	0	5153.18	6.63	45.61	6.79	29.76
16	0	−1	1	5200.89	5.59	44.13	7.62	8.00
17	−1	0	−1	9707.99	6.04	40.80	6.06	−12.43

通过 Design-Expert 8.0.6 软件对表 14-6 的数据进行分析得出的方差分析结果如表 14-7 和表 14-8 所示。表 14-7 是各个指标的回归方程和失拟项的数据，不显著的项已经重新回归。由表 14-7 可知单位能耗回归方程的显著性 F 值为 220.26，对应的 $p_F<0.0001$，此模型极显著；失拟项 F_{Lf} 为 3.89，对应的 p_{Lf} 为 0.1048（$p_{Lf}>0.05$），失拟项不显著，在试验范围内误差较小；单位能耗回归方程的 R^2 为 0.9925，表明此模型的预测值和预实验值拟合度达到 99.25%，能较好地预测单位能耗；由方程还可看到三个试验因素对单位能耗的影响主次：热泵干燥温度（A）>热风干燥温度（B）>转换点含水率（C）；对叶绿素含量影响的主次为 $A>B>C$ 且 $B^2>A^2>C^2$；对色泽 L 值的影响主次为 $A>C$ 且 $C^2>A^2$，因素 B 对色泽 L 值影响不显著；对吸湿性的影响主次为 $A>C>B$。

表 14-7 单指标回归方程

指标	模型方程	F	p_F	失拟项		R^2
				F_{Lf}	P_{Lf}	
单位能耗	$Y1=4858.47-3309.58A-1110.97B-441.78C+836.10AB-347.95AC+1420.99A^2$	220.26	<0.0001	3.89	0.1048	0.9925

续表

指标	模型方程	F	p_F	失拟项		R^2
				F_{Lf}	P_{Lf}	
叶绿素	$Y2=6.55-0.15A-0.13B+0.44AB+0.34AC-0.67A^2-0.68B^2-0.36C^2$	25.91	<0.0001	4.15	0.0963	0.9527
L值	$Y3=46.03-0.79A+0.91C-2.55A^2-1.75C^2$	26.02	<0.0001	2.06	0.2525	0.8966
吸湿性	$Y4=6.25+0.83A-0.65B+0.71C-1.67AC+1.76A^2$	10.40	0.0007	2.61	0.1857	0.8253

由表14-8可知，综合评分值与热泵温度、热风温度和转换点含水率都极显著（$p<0.01$）。以综合评分值为响应值，经过拟合得到回归方程：综合评分值$=32.51+7.44A+4.99B+4.71C+4.76AB+7.70AC-27.43A^2-9.84B^2-11.67C^2$。$BC$项不显著，已经剔除且重新回归，该模型中$F$值为90.86，$p<0.0001$，说明该模型极显著。模型的校正系数$R^2=0.9891$，表明综合评分值实验值与预测值一致性较高；模型调整系数为$R^2_{Adj}=0.9782$，说明试验值有97.82%能完全解释预测值，只有2.18%是不能用此模型预测值来解释。由模型均值F检验可得热泵干燥温度（A）、热风干燥温度（B）和转换点含水率（C）对红薯叶粉综合品质的影响主次为：$A>B>C$且$A^2>C^2>B^2$。

表14-8 回归方程方差分析表

方差来源	平方和	自由度	均方	F值	P值
模型	5669.96	9	629.99	97.90	<0.0001
A-热泵干燥温度	442.976	1	442.98	68.84	<0.0001
B-热风干燥温度	199.52	1	199.52	31.01	0.0008
C-转换点含水率	177.71	1	177.71	27.62	0.0012
AB	90.48	1	90.48	14.06	0.0072
AC	237.14	1	237.14	36.85	0.0005
BC	17.17	1	17.17	2.67	0.1464
A^2	3168.51	1	3168.51	492.39	<0.0001
B^2	407.47	1	407.47	63.32	<0.0001
C^2	572.98	1	572.98	89.04	<0.0001
残差	45.04	7	6.43		
失拟项	29.77	3	9.92	2.60	0.1895
纯误差	15.28	4	3.82		
总离差	5715.00	16			
系数 $R^2=0.9921$ $R^2_{Adj}=0.9820$					

注：$p<0.01$表示差异极显著。

14.5.4.2 响应面分析

图 14-7 显示了 AB、AC、BC 对综合评分值影响的响应面和等高线图，由图 14-7 可知到 AB 和 AC 响应面曲线较陡对综合评分值影响最大，极显著；因 BC 曲线较为平缓，对综合评分值影响较小。各个交互作用影响的主次为：$AC>AB>BC$。

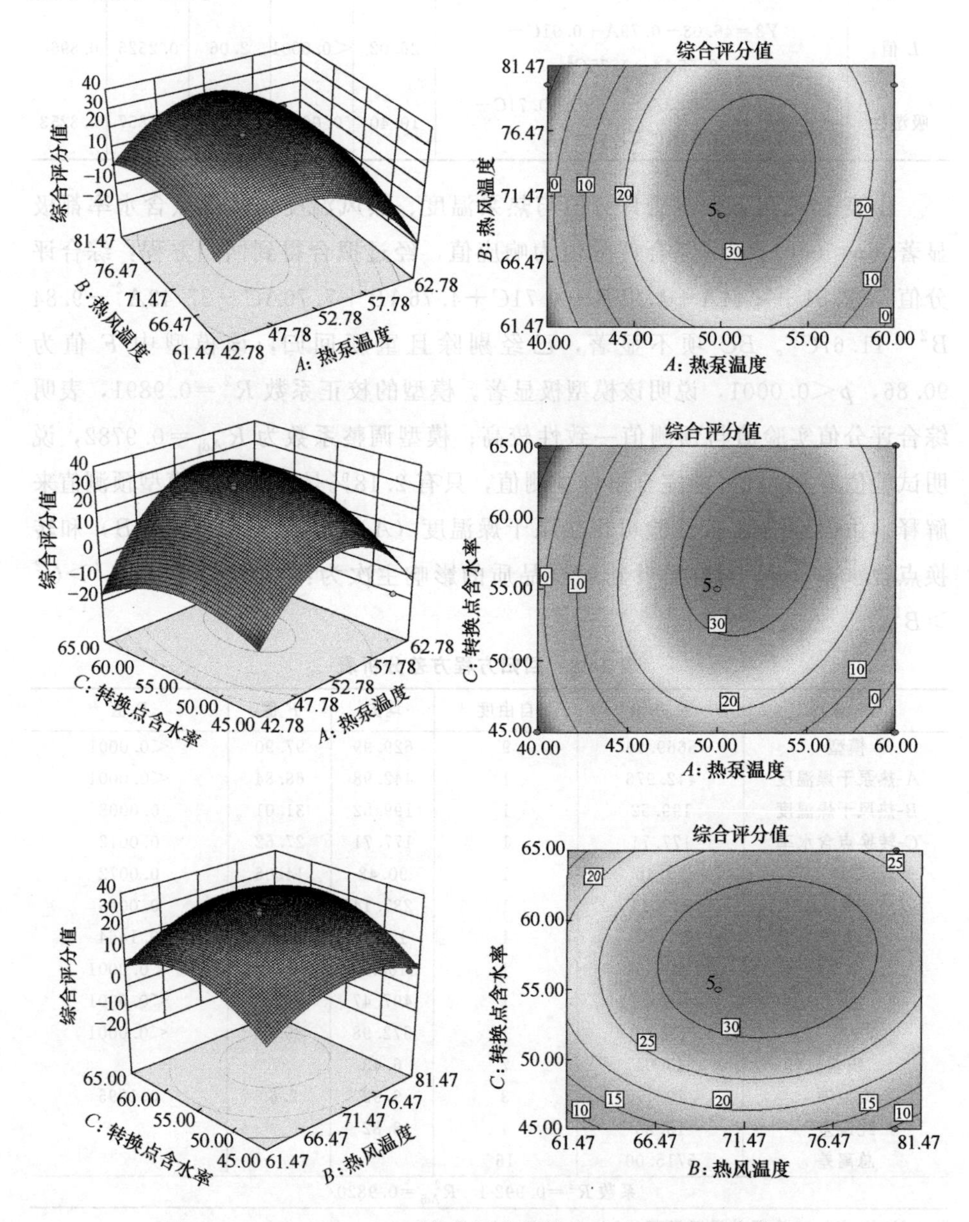

图 14-7 AB、AC、BC 对综合评分值影响的响应面和等高线图

14.5.5 工艺参数优化与验证

通过软件分析单指标和综合指标的优化结果如表 14-9 所示：干燥前期热泵温度较高可高效节能，但干燥的粉质较差，后期热风高温能加快后期红薯叶干燥的下降过程，达到节能保质的作用。优化联合干燥红薯叶的最佳工艺为：热泵干燥温度 52.00℃、热风干燥温度 73.02℃、转换点含水率 57.68%，综合评分值为 34.64，考虑到试验的可行性，最佳工艺参数调整为：热泵干燥温度 52℃、热风干燥温度 73℃、转换点含水率为 58%，在此条件下进行验证试验，此时单位能耗为 3621.36kJ・g^{-1}、叶绿素含量为 6.42mg・g^{-1}、色泽 L 值为 46.21，吸湿性为 7.19%，综合评分值为 34.35±0.21，与预测值拟合度达 99.16%，相对误差约为 0.84%，表明由该多元二次回归模型获得工艺参数可靠系数高，较适合热泵-热风联合干燥红薯叶制粉。

表 14-9 指标回归方程优化结果

指标类别	工艺参数优化组合			优化结果			
	热泵干燥温度/℃	热风干燥温度/℃	转换点含水率/%	单位能耗/kJ・g^{-1}	叶绿素/mg・g^{-1}	色泽 L	吸湿性/%
单指标	59.94	80.00	65.00	1 905.23			
	48.16	68.43	55.15		6.57		
	48.45	60	57.60			46.21	
	42.91	80.00	45.00				4.00
综合指标	52.07	73.02	57.68	3 625.36	6.41	46.21	7.2

14.6 本章小结

本章以单位能耗、叶绿素含量、色泽 L 值为品质指标综合分析热泵干燥温度、热风干燥温度和转换点含水率对红薯叶热泵-热风联合干燥的影响，结论如下。

① 单因素响应实验中：热泵干燥温度（A）、热风干燥温度（B）和转换点含水率（C）三个试验因素对单位能耗的影响主次为 $A>B>C$；对叶绿素含量影响的主次为 $A>B>C$ 且 $B^2>A^2>C^2$；对色泽 L 值的影响主次为 $A>C$ 且 $C^2>A^2$，因素 B 对色泽 L 值影响不显著；对吸湿性的影响主次为 $A>C>B$。

② 响应面优化试验中，各个因素影响主次为：A（热泵干燥温度）$>B$（热风干燥温度）$>C$（转换点含水率），相互作用影响主次为 $AC>AB>BC$，二次项作用影响主次为 $A^2>C^2>B^2$。响应面优化得到的工艺参数为：热泵温度 52℃、热风温度 73℃、转换点含水率 58%，该条件下单位能耗为 3621.36kJ·g^{-1}、叶绿素含量为 6.42mg·g^{-1}、色泽 L 值为 46.21、吸湿性为 7.19%，综合评分值为 34.35。

③ 该试验为红薯叶粉提供一种的干燥工艺，在保证品质的基础上提高了红薯叶后期干燥的干燥速率，达到了节能的目的，为红薯叶粉的综合应用拓宽了空间。

第15章

红薯叶粉添加量对红薯叶复合面条特性的影响

15.1 概述

红薯叶含有大量优质的营养物质和特有的生物特性，针对其研究已有很多，但多是在探究其营养特性。Su 等首次报道了 3 个红薯叶品种中花青素分布和含量，同时验证了红薯叶片和根之间花青素生物合成的多样性表型。Drapal 等研究比较了 6 个红薯品种的叶片和叶柄的抗氧化含量和抗氧化活性，结果证实红薯叶片抗氧化能力比叶柄强。王秋亚等提取红薯叶中有效成分，结果表明红薯叶中有抗衰老和抑制癌细胞增长等多种生理活性；郭政铭等和黄盛蓝等均概述了红薯叶中含有蛋白质、糖类物质、维生素及矿物质等多种营养成分，分析了红薯叶中超氧化物歧化酶、绿原酸、黄酮、多糖等主要活性成分以及生理功能，并总的阐述了当前红薯叶的开发利用空间，为了更有效开发利用红薯叶提供了参考。

本章在第 14 章的基础上，把红薯叶干燥制粉后添加到复合面条中，研究红薯叶粉的添加量（5%、10%、15%、20%、25%）对红薯叶复合面条的干燥特性、煮制特性、质构特性、感官特性、色泽、微观结构的影响，采用主成分分析法、模糊数学法等统计学方法进行处理，确定红薯叶复合面条的最佳配比，为红薯副产品加工提供理论依据和技术支撑。

15.2 材料与设备

15.2.1 材料与试剂

红薯叶：新鲜脱毒，洛阳市红薯产业协会。精制碘盐和陈克明小麦粉：洛阳大张超市。谷朊粉：100 目，封丘县华丰粉业有限公司。$ZnAc_2$ 分析纯和 EDTA-2Na 分析纯同第 13 章中 13.2.1。

15.2.2 仪器与设备

表 15-1 主要仪器与设备

仪器名称	型号	生产厂家
热泵干燥机	GHRH-20 型	广东省农业机械研究所
电热鼓风干燥箱	101 型	北京科伟永兴仪器有限公司
食品物性分析仪	SMS TA. XT Epress 型	Stable Micro
色差仪	color 15 型	美国爱色丽公司
扫描电镜	TM 3030 Plus	日本日立高新技公司
压面条机	FKM-20 型	永康市炫林工贸有限公司
万用电炉	220V-AC	北京科伟永兴仪器有限公司
电子天平	YP10002	上海衡际科学仪器有限公司
高速多功能粉碎机	HC-200 型	浙江省永康市金穗机械制造厂
标准检验筛	GB/T 6003.1—2012	绍兴市上虞华丰五金仪器有限公司

15.3 试验方法

15.3.1 红薯叶复合面条制作工艺

① 红薯叶粉制备：挑选叶片颜色均匀一致，无虫眼，新鲜的红薯叶；根据前期对红薯叶预处理和干燥工艺的探究可知，把红薯叶放到 90℃ 护色液中 90s，护色液中 $ZnAc_2$ 与 EDTA-2Na 的质量比为 1∶1（护色剂总量 $3g \cdot kg^{-1}$ 水），护色后冷却沥水以待干燥；将沥干的红薯叶放于 52℃ 的热泵中进行干燥直至水分含量为 58%迅速转到 73℃ 热风中进行后期干燥，待其水分降至安全水分（红薯叶粉含水率低于 8%，符合粉体储藏安全水分要求）粉碎过 100 目筛备用。

② 和面：准确称取 200g 混合粉（红薯叶粉添加量分别为 5%、10%、15%、20%、25%，谷朊粉 20g，剩余为面粉），煮沸 100mL 蒸馏水待其温度降至常温加入 2g 食盐，将充分溶解的食盐水倒入混合粉中并迅速搅拌成絮状，揉合 5 min，使面絮干湿得当，表面没有大量干粉且用手紧握时恰好不松散，手松时又能零散成絮。

③ 熟化：为了形成更完整的面筋网络结构，把揉和好的面团放入保鲜袋中置于室温 20min。

④ 切面：将熟化后的放到压面机中进行反复轧延，直到面带表面光滑，调小面辊的间隙，再复辊 2～3 次，直到面片的色泽均匀一致，然后安装切面刀，根据需要调节切刀的宽度，最后的生鲜面条长 200mm，宽 3mm，厚 1mm。

⑤ 干燥：将制成的生鲜面进行热泵干燥，其中风速 $1.5\text{m} \cdot \text{s}^{-1}$，温度 40℃，水分降至面条的湿基含水率的 13%以下（安全水分含量），备用。

15.3.2 干燥特性的测定

干基含水率可按式（15-1）计算：

$$X=\frac{M_t-M_1(1-w_1)}{M_1(1-w_1)} \tag{15-1}$$

式中，M_t、M_1 为任意干燥时间 t 时面条的质量和鲜湿面条的初始质量，g；X 为任意干燥时间 t 时面条的干基含水率，$\text{g} \cdot \text{g}^{-1}$；$w_1$ 为初始湿基含水率，$\text{g} \cdot \text{g}^{-1}$。

干燥过程中的干燥速率按公式（15-2）计算：

$$U=\frac{X_t-X_{t+\Delta t}}{\Delta t} \tag{15-2}$$

式中，X_t 为干燥时间 t 时面条的干基含水量，$\text{g} \cdot \text{g}^{-1}$；$X_{t+\Delta t}$ 为干燥时间 $t+\Delta t$ 时面条的干基含水量，$\text{g} \cdot \text{g}^{-1}$；$\Delta t$ 为干燥间隔时间，h。

15.3.3 最佳煮制时间的测定

使用可调式电炉加热 1000mL 水的烧杯，待水微沸时投放 40 根面条，煮制 2 min 后开始取样，接着每隔 30s 取一根，用剪刀剪断并细观复合面条断截面的白硬心线，直到白线消没的煮制时间为最佳煮制时间。

15.3.4 熟断条率的测定

加热 1000mL 水的烧杯，待水微沸时加入 40 根面条，达到最佳煮制时间后，停止加热，把面条轻轻挑出放到凉水中过滤，按式（15-3）计算复合面条的熟断条率。

$$S=\frac{N_S}{40}\times 100\% \tag{15-3}$$

式中，S 为复合面条熟断条率，%；N_S 为复合面条的断裂数量。

15.3.5 煮制损失率测定

准确称取 10.0g 复合面条，放入 500mL 微沸的烧杯中，达到最佳煮制时间后，取出面条，待面汤温度下降到常温后，小心引入至 500mL 容量瓶中，定容并摇匀，接着取出 50mL 面汤置于恒重 250mL 烧杯中，然后在电炉上蒸去绝大部分水，接着再倒入 50mL 面汤，继续加热接近绝干，再转入 105℃烘箱内，干燥至重量不变，质量记为 M，计算煮制损失率。

$$P=\frac{5\times M}{G\times(1-W)}\times 100\% \tag{15-4}$$

式中，P 为面条煮制损失率，%；M 为 100mL 面汤中干燥至恒重的质量，g；W 为面条初始含水率，%；G 为面条初始重量，g。

15.3.6 质构特性的测定

质构特性分别测定 TPA（质地剖面分析，Texture Profile Analysis）和剪切特性。TPA 测试参数：探头规格：P/75，测前速率（pre-test rate）：1.0mm·s^{-1}，测中速率（testing rate）：0.8mm·s^{-1}，测后速率（post-test rate）：5.0mm·s^{-1}，压缩程度（degree of compression）：70%，停留时间（stay tme）：5s，触发力（trigger force）：5g，每组试验做 6 个水平，得到硬度、胶黏性、弹性及凝聚力等值。

剪切特性参数　探头规格：A/LKB-F，Pre-test Rate：1.0mm·s^{-1}，Testing Rate：0.8mm·s^{-1}，Post-test Rate：10.0mm·s^{-1}，Degree of Compression：100%，Trigger Force：5g，每组试验做 6 个水平。煮制 30 根复合面条，待其达到最佳煮制时间，迅速取出过水 1 min，然后截取 5 根长为

8cm 复合面条平行摆放在测试台上进行测定。

15.3.7 感官特性标准

红薯叶面条的感官评分小组由 5 名专业人员构成，对煮熟的红薯叶复合面条色泽、风味等进行综合评价。评分标准参考 LS/T 3202—1993 面条用小麦粉，具体指标及标准如表 15-2 所示。

表 15-2 红薯叶复合面条感官评价指标

指标	满分	评价标准
表观状态	10	红薯叶复合面条表面光滑度和膨胀度，表层细滑为 8～10 分；中间为 6～8 分；表层糙胀且变形严重为 1～6 分
色泽	10	红薯叶复合面条的颜色和亮度，面条颜色鲜绿、光亮为 8～10 分；彩亮一般为 6～8 分；颜色浓重、亮度差为 1～6 分
韧性	20	面条在咀嚼时，嚼劲和弹性的大小，有嚼劲、弹性大为 15～20 分；一般为 10～15 分；嚼劲差、弹性差为 1～10 分
适口性	20	牙咬断面条所使力的大小，力度适中为 17～20 分；稍软或硬为 12～17 分；太软或太硬为 1～12 分
光滑性	10	品尝红薯叶复合面条时的光滑程度，光滑度好为 7～10 分；一般为 4～7 分；光滑程度差为 1～4 分
黏性	20	咀嚼过程中，红薯叶复合面条的粘牙程度，爽口且不黏牙为 15～20 分；一般为 10～15 分；差到不爽口、发黏为 1～10 分
风味	10	指品尝时的味道。红薯叶清香味适中 7～10 分；红薯叶香味过于浓郁 5～7 分；香味过淡 1～5 分

15.3.8 面条色泽测定

煮制 25 根红薯叶复合面条，待其达到最佳煮制时间，取出过水 1min，将 5 根面条截取长为 5cm 紧密平行摆放，用色差计测定 L_{ab} 值，每组做 5 次平行试验。

15.3.9 微观结构

干制面条放于扫描电镜下，观察红薯叶面条横面和切面微观结构。

15.3.10 数据处理

同第 13 章中 13.3.9。

15.4 结果与分析

15.4.1 红薯叶粉添加量对红薯叶复合面条干燥特性的影响

不同红薯叶粉添加量复合面条的干燥曲线和干燥速率如图 15-1。设定红薯叶复合面条的干燥终点时间为 110min，其中添加量为 5%、10%、15%、20%、25%的初始干基含水率分别为 $0.455g \cdot g^{-1}$、$0.4945g \cdot g^{-1}$、$0.4585g \cdot g^{-1}$、$0.5026g \cdot g^{-1}$、$0.5214g \cdot g^{-1}$，干燥终点时其干湿基含水率依次为 $0.1439g \cdot g^{-1}$、$0.1248g \cdot g^{-1}$、$0.1649g \cdot g^{-1}$、$0.1552g \cdot g^{-1}$、$0.1467g \cdot g^{-1}$，不同含量红薯叶粉的生鲜复合面条的含水率不同。红薯叶粉含量为 25%的初始含水率最大，干燥速率最快，红薯叶粉含量过高，木质纤维含量高，面筋蛋白含量较低，因此形成的面筋网络不稳定且孔隙较大，自由水占比高，故红薯叶粉添加量为 25%的生鲜面含水率最高，水分蒸发速率较快。适量红薯叶粉能提高面条面筋结构的孔隙率，加快了水分扩散进而提高了干燥速率；过多的红薯叶粉则容易使面筋结构被破坏从而降低面条的品质。由图 4-1 可得，在相同干燥时间内，红薯叶粉含量为 10%的终点含水率最低，干燥速率相对较高，干燥终点含水率相同时，红薯叶粉添加 10%所需要的时间最短，干燥能耗最低。在干燥初期，添加量为 25%的干燥速率大于添加量为 10%的干燥速率，从中期开始小于 10%的干燥速率，这说明红薯叶添加过量影响红薯叶复合面条干燥后期的干燥速率。

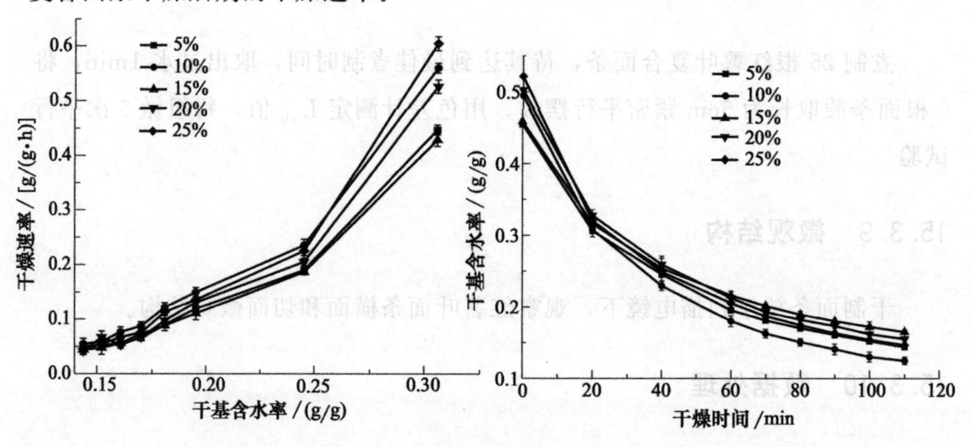

图 15-1 不同红薯叶粉添加量复合面条的干燥特性曲线图

15.4.2　红薯叶粉添加量对红薯叶复合面条质构特性的影响

15.4.2.1　红薯叶复合面条的质构特性

通过食品物性分析仪测定了不同添加量红薯叶复合面条的 TPA 特性和剪切特性，测定了以下指标：硬度、胶黏性、弹性、凝聚力、胶着性、咀嚼性、回复性、延展性、剪切硬度、剪切咀嚼性、剪切黏性，结果见表 15-3 和表 15-4。

表 15-3　红薯叶复合面条 TPA 特性测定结果

红薯叶粉添加量/%	硬度/g	胶黏性/(g·s)	弹性	凝聚力	胶着性	咀嚼性	回复性
5	2715.47±42.62	35.68±1.15	0.34±0.03	0.86±0.01	2358.11±19.48	818.15±23.52	0.67±0.02
10	609.08±38.96	26.84±1.37	0.72±0.05	0.91±0.01	551.12±9.83	403.19±5.71	0.36±0.01
15	1122.50±25.43	27.70±1.11	0.83±0.06	0.93±0.01	1044.18±27.81	869.98±12.59	0.44±0.01
20	1462.32±34.53	36.95±1.25	0.86±0.03	0.92±0.01	1520.68±28.83	1347.57±24.95	0.50±0.06
25	2162.54±36.32	43.70±1.67	0.89±0.02	0.92±0.01	2117.54±38.78	1914.56±43.68	0.55±0.02

表 15-4　红薯叶复合面条剪切特性测定结果

红薯叶粉添加量/%	延展性/$(g\cdot s^{-1})$	剪切硬度/g	剪切咀嚼性/(g·s)	剪切黏性/(g·s)
5	195.01±2.15	429.12±12.74	563.39±15.15	0.07±0.05
10	220.09±7.84	456.17±8.22	508.91±11.71	0.32±0.04
15	212.67±11.04	436.94±10.60	494.25±7.85	0.19±0.10
20	172.95±10.72	375.45±7.87	473.07±5.76	0.03±0.02
25	127.27±8.55	332.13±9.58	404.61±2.47	0.37±0.01

15.4.2.2　红薯叶复合面条质构指标的主成分分析

由于红薯叶复合面条的各个质构特性指标都存在一定的相关性，容易造成评价信息的重复，因此采用主成分分析法对 11 个质构指标进行降维分析得到具有代表性的评价指标，消除指标变量之间的相关性，减轻评价负担得到综合评分。图 15-2 是其分析碎石图，表 15-5 是相关主成分的特征值和累计贡献率，由图 15-2 和表 15-5 可知，前两个重要主成分的方差贡献率分别为

52.073%、39.175%，累积贡献率为91.248%，对应的主成分特征值也均大于1，说明前两个主成分包含了大部分原始信息，能更全面反映红薯叶复合面条的质构品质特性，故可选取前两个主成分进行分析。

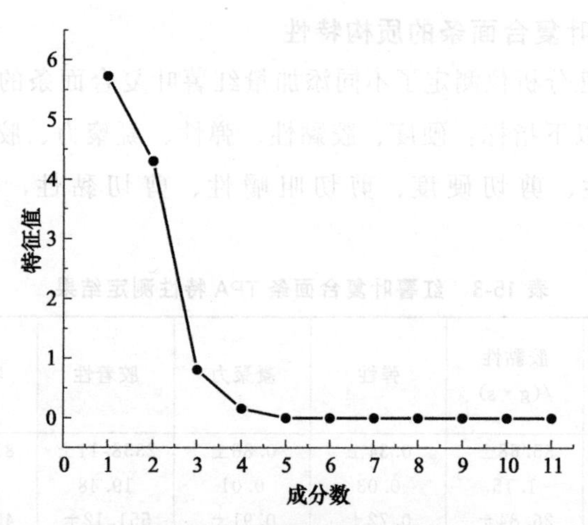

图 15-2 主成分分析碎石图

表 15-5 主成分数的特征值及贡献率

主成分数	特征值	贡献率/%	累积贡献率/%
Z_1	5.728	52.073	52.073
Z_2	4.309	39.175	91.248
Z_3	0.808	7.341	98.589
Z_4	0.155	1.411	100.000

表15-6是主成分载荷向量表，反映了各项质构指标对主成分贡献程度，从表中可知，第1主成分起重要作用的是硬度（X_1）、胶黏性（X_2）、胶着性（X_5）、咀嚼性（X_6）、延展性（X_8）、剪切硬度（X_9），第2主成分起主要作用的是弹性（X_3）、凝聚力（X_4）、回复性（X_7）、剪切咀嚼性（X_{10}）、剪切黏性（X_{11}）。可根据各自主成分载荷向量除以相应主成分特征值的算术平方根则可算出主成分的得分系数，是各主要成分解析表达式中标准化变量的系数向量，两个主成分解析表达式如下 F_1 和 F_2 所示。

$$F_1=-0.293X_1+0.411X_2-0.089X_3-0.031X_4-0.334X_5-0.398X_6-0.267X_7+0.407X_8+0.397X_9+0.266X_{10}+0.032X_{11}$$

$$F_2=0.335X_1-0.040X_2-0.459X_3-0.445X_4+0.285X_5-0.136X_6+0.366X_7+0.091X_8+0.136X_9+0.369X_{10}+0.283X_{11}$$

表 15-6 主成分载荷向量表

指标	硬度	胶黏性	弹性	凝聚力	胶着性	咀嚼型	回复性	延展性	剪切硬度	剪切咀嚼性	剪切黏性
Z_1	−0.700	0.985	−0.214	−0.075	−0.799	−0.952	−0.639	0.975	0.949	0.637	0.076
Z_2	0.695	−0.084	−0.954	−0.925	0.591	−0.282	0.761	0.188	0.283	0.766	0.588

通过 SPSS 20.0 把各指标的原始数据进行标准化，然后代入以上的主成分解析表达式中，计算出 2 个主成分得分 F_1 和 F_2。以不同主成分的方差贡献率与主成分累积贡献率之比 β_i（$i=1, 2, 3, \cdots, k$）为加权系数，建立评价模型 $F=\beta_1 F_1+\beta_2 F_2+\beta_3 F_3+\cdots+\beta_k F_k$，得到红薯叶复合面条质构特性的评价模型为：$F=0.571\times F_1+0.429\times F_2$，将主成分得分代入模型，得到不同添加量红薯叶复合面条的质构特性的综合评分，结果如表 15-7 所示。

表 15-7 红薯叶复合面条质构特性综合评分表

红薯叶粉添加量/%	F_1	F_2	F
5	−0.193	3.681	1.470
10	2.841	−0.898	1.237
15	1.559	−0.986	0.467
20	−0.777	−0.512	−0.663
25	−3.430	−1.284	−2.509

通过主成分综合分析得到红薯叶复合面条质构特性的主成分因子主要是胶黏性因子和剪切咀嚼性因子，胶黏性随红薯叶粉添加量的增加先减小后增大，说明红薯叶粉在一定程度上能降低面条的胶黏性，在添加量为 10%时达到最低值，因红薯叶粉的添加相对减少了淀粉含量，黏度会因此降低；剪切咀嚼性随红薯叶粉添加量的增加而减小，红薯叶中膳食纤维丰富，膳食纤维吸水能力很强，能增大面团的体积，影响面条面筋结构的形成，面筋蛋白质随之降低，剪切咀嚼性因此降低。表 15-7 是不同红薯叶粉添加量复合面条的质构特性的综合评分，随着红薯叶粉添加量的增加，红薯叶复合面条的综合评分是逐渐下降，添加量为 5%时，综合评分达到最高值，质构品质最佳，这是因为随着红薯叶粉的添加，膳食纤维也不断增加，弱化了面筋蛋白的形成，对复合面条的质构特性产生一定负影响，这与张美霞对金银花面条质构特性研究结果一致。

15.4.3 红薯叶复合面条煮制特性的影响

由图 15-3 可知，随着红薯叶粉添加量的增加，红薯叶复合面条的煮制损失率和煮制断条率均呈现先减小后增大的趋势。煮制损失的主要是复合面条在煮制过程中面汤中所有的固形物，煮制损失率越低则表明复合面条的质量越优，适量的红薯叶粉能重构复合面条的面筋结构，红薯叶粉中膳食纤维的多聚糖能和面条中的面筋蛋白发生交联作用，在一定程度上改变了面筋的三维网状结构，膳食纤维吸水膨胀增大了面条的体积，增加了淀粉颗粒被面筋蛋白包裹的面积，在一定程度上减少了淀粉的析出，降低烹调损失率；过量的红薯叶粉会稀释混合粉中面筋蛋白的含量，膳食纤维吸水膨胀过大，会弱化面筋蛋白的结构，淀粉颗粒包裹的不稳定，在煮制过程中面筋结构很容易被破坏，因此面汤中的淀粉和红薯叶粉颗粒随红薯叶粉比例的增加而增多。煮制断条率可以用来表明红薯叶复合面条的韧性和耐煮性，添加一定量的红薯叶粉，在一定程度有利于降低红薯叶复合面条的断条率，膳食纤维越多，形成的网络结构越不稳定，韧性越弱，煮制过程中面条越易断裂，红薯叶复合面条的断条率在添加量为10%时最低。

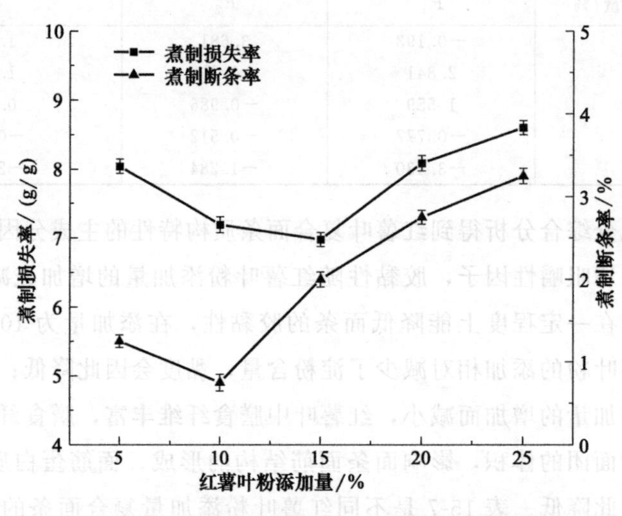

图 15-3　不同添加量红薯叶复合面条煮制特性

15.4.4　红薯叶粉添加量对红薯叶复合面条感官特性的影响

表 15-8 是煮熟后红薯叶复合面条的感官评分，不同添加量红薯叶复合面条的感官评分结果为 5%＞10%＞15%＞20%＞25%，当红薯叶粉的添加量为 5%，感官评分结果达到最大值 93.57 分；当红薯叶粉添加量为 25%时，感官评分为 55.20 分，红薯叶复合面条的感官品质最差，这与质构特性主成分综合分析结果一致。当红薯叶粉的添加量为 5%时，红薯叶复合面条的感官品质最

佳，煮制后面条表面最光滑，面条的横截面紧密有致，颜色鲜绿，咀嚼时韧性最高，适口性最佳，有淡淡的红薯叶清香。红薯叶粉的含量越高，面条的亮度越来越暗淡，颜色慢慢变成了墨绿，咀嚼时软糯甚至有点粘牙，韧性和硬度都越来越小，红薯叶粉的青涩味越来越浓，适口性变得越来越差。

表 15-8 红薯叶复合面条感官评分表

指标	满分	评价标准	5%	10%	15%	20%	25%
表现状态	10	红薯叶复合面条表面光滑度和膨胀度，表层细滑为8～10分；中间为6～8分；表层糙胀且变形严重为1～6分	9.30	8.40	7.84	6.90	5.94
色泽	10	红薯叶复合面条的颜色和亮度，面条颜色鲜绿、光亮为8～10分；彩亮一般为6～8分；颜色浓重、亮度差为1～6分	9.18	8.38	7.10	6.64	5.92
韧性	20	面条在咀嚼时，嚼劲和弹性的大小，有嚼劲、弹性大为15～20分；一般为10～15分；嚼劲差、弹性差为1～10分	19.05	17.90	16.70	14.44	12.06
适口性	20	牙咬断面条所使力的大小，力度适中为17～20分；稍软或硬为12～17分；太软或太硬为1～12分	18.70	17.72	16.10	13.40	11.06
光滑性	10	品尝红薯叶复合面条时的光滑程度，光滑度好为7～10分；一般为4～7分；光滑程度差为1～4分	9.26	8.50	6.70	5.90	4.38
黏性	20	咀嚼过程中，红薯叶复合面条的粘牙程度，爽口且不粘牙为15～20分；一般为10～15分；差到不爽口、发黏为1～10分	18.72	17.88	15.80	13.82	10.16
风味	10	指品尝时的味道。红薯叶清香味适中7～10分；红薯叶香味过于浓郁5～7分；香味过淡1～5分	9.28	8.46	7.20	6.14	5.68
总分	100		93.57	87.24	77.44	67.24	55.20

15.4.5 红薯叶粉添加量对红薯叶复合面条色泽的影响

面条颜色是人们选择的重要影响因素，只有色香味俱全的面条才是消费者的最爱。由图15-4可知，随着红薯叶粉的添加，面条的亮度 L 值和黄蓝值 b 逐渐下降，红绿值 a 逐渐上升。红薯叶复合面条中不溶性谷蛋白含量与色泽亮度呈显著正相关，红薯叶粉增多，相应混合粉中面粉含量减少，不溶性谷蛋白含量就会减少，亮度也会变暗。红薯叶粉含量过高，叶绿素也会增多，色素沉积，亮度降低，红度值 a 逐渐增大，蓝度值 b 降低；红薯叶复合面条在制作过程会因一些酶类反应发生变色现象，复合面条干燥后期会变成墨绿色，这可能是因为抗坏血酸被氧化，生成的产物再聚合生成了黑色素；红薯叶中含有大量的酚类物质，其经过氧化氢酶类的催化产生变色反应，例如在干燥前期，其含有酪胺酸酶在面团熟化和面条辗轧过程中缓慢发生褐变反应；红薯叶含有大量的类胡萝卜素，其结构中共轭双键是一个能吸收光谱的发色团，能显现出由黄到红的颜色，所以红薯叶粉含量越高，颜色越浓重，使复合面条的色泽下降，其中红薯叶粉的添加量为5%时，红薯叶复合面条的色泽品质最佳。

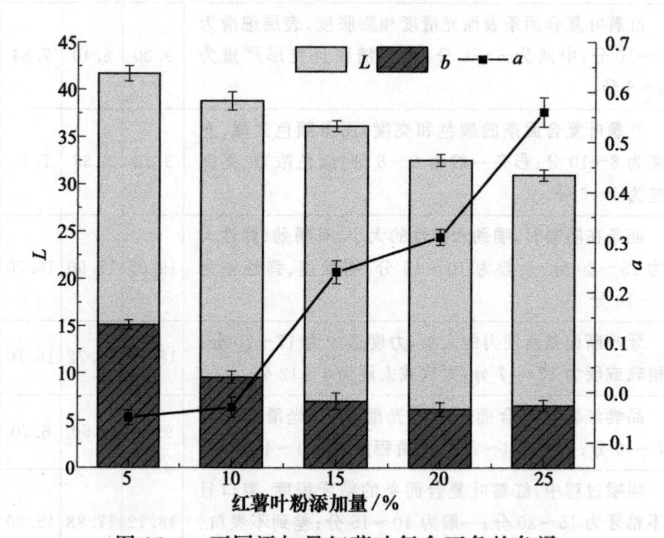

图 15-4 不同添加量红薯叶复合面条的色泽

15.4.6 红薯叶粉添加量对红薯叶复合面条微观结构的影响

图 15-5 是不同添加量红薯叶复合面条的扫描电镜图，字母 a～e 分别表示红薯叶粉的添加量为 5%、10%、15%、20%、25%，1 表示的是红薯叶复合面条横截面×1000，2 表示的是红薯叶复合面条纵切面×500，纵切面缩小了放大比例是为了更直观全面地观察红薯叶复合面条的内部结构。红薯叶复合面条宏观特性是其微观结构的表征，在复合面条的内部，淀粉颗粒被包裹在蛋白质基质结构中，进而构成面筋网状结构，红薯叶复合面条的品质取决于面筋网络的数量和稳定性。由图 15-5 a-1 和图 15-5 a-2 可以看出，红薯叶粉添加量为5%复合面条的蛋白网络结构致密连续，纵切面截面光滑，淀粉颗粒多，故复合面条的韧性和适口性最佳；由图 15-5 b-1 和图 15-5 b-2 可以看出，红薯叶粉含量为10%复合面条的面筋网络明显改善，横截面更平滑，纵截面的孔隙增多，孔径增大，淀粉颗粒被包裹得更全面，加固了网络结构，故添加量为

10%时复合面条的断条率最低、延展性最高、剪切硬度最高；由图 15-5 c-1 和 15-5 c-2 可以看出，红薯叶粉含量为 15%复合面条的表面开始变得粗糙，这是因为红薯叶粉中膳食纤维使面筋网络孔隙增大，部分淀粉颗粒裸露在外，故煮熟的复合面条咀嚼黏性略高；由图 15-5 d-1 和图 15-5 d-2、图 15-5 e-1 和图 15-5 e-2 可看出，随着红薯叶粉继续增加蛋白网络结构开始断裂，大颗粒的淀粉完全被暴露，结构疏松，孔隙明显，在干燥时复合面条中水分散失的最快，但复合面条均一性较差，煮制损失率和断条率增大，适口性越来越差。

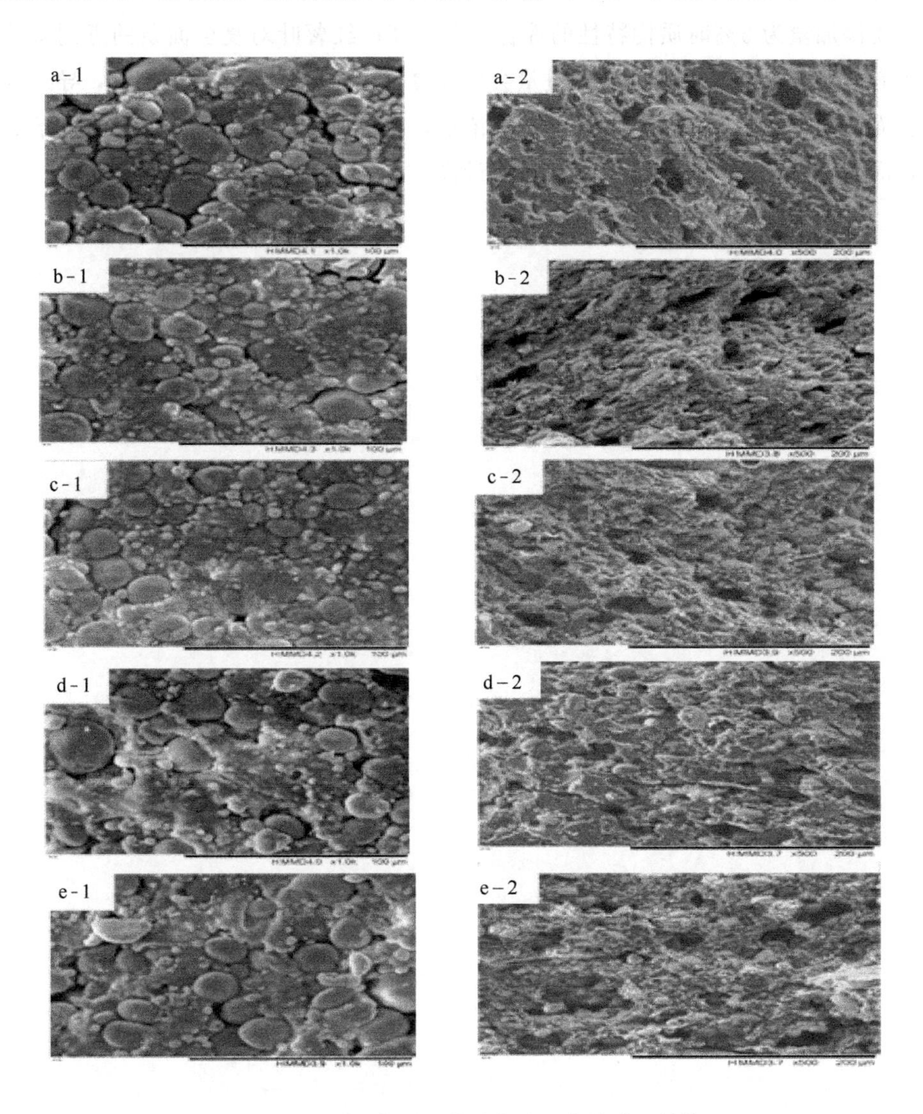

图 15-5 不同添加量红薯叶复合面条的微观结构

15.5 本章小结

通过考察不同红薯叶粉添加量对红薯叶复合面条品质的影响，发现随着红薯叶粉添加量的增多，面筋网络孔隙变大，孔径变大，自由水比例增大，水分扩散得更快，干燥速率大致呈上升趋势；通过主成分分析其质构特性，结果表明各个指标存在一定的相关性，红薯叶中膳食纤维影响面筋结构的形成，红薯叶粉添加量为5%时质构特性的综合评分最高；红薯叶对复合面条的煮制特性也有着显著影响，红薯叶添加过量会增加复合面条的断条率和损失率，导致复合面条的色泽暗淡，红薯叶气味过于浓郁，红薯叶粉在添加量5%时，面条的色泽最鲜亮，适口性最佳，感官评价最高。

第16章

红薯叶复合面条热泵-热风联合干燥特性及水分迁移分析

16.1 概述

在前期确定了红薯叶复合面条的添加量的情况下，对红薯叶复合面条的干燥工艺进行探究。大部分的面条干燥方式较传统和单一，本章根据面条的干燥规律采用热泵-热风联合干燥方式，前期的热泵低温空气是完全封闭式，可防止气体交换导致产品氧化，能较好地保证产品的品质，后期的高温热风可提高产品的干燥速率，节省了干燥时间，整个干燥方式实现了节能保质和环境友好的干燥目标。本章基于响应面法对热泵温度、转换点含水率和热风温度进行探究，优化得到最佳的干燥工艺参数，并对此条件下的面条进行水分迁移的质热传递分析并模拟得到相应的干燥模型，为实现生产高质量食品的同时降低能耗提供理论基础。

16.2 材料与设备

16.2.1 材料与试剂

根据第15章配比好的混合粉。

16.2.2 仪器与设备

表 16-1 主要仪器与设备

仪器名称	型号	生产厂家
热泵干燥机	GHRH-20 型	广东省农业机械研究所
电热鼓风干燥箱	101 型	北京科伟永兴仪器有限公司
压面条机	FKM-20 型	永康市炫林工贸有限公司
低场核磁共振成像分析仪	NMI20-015V-I	上海纽迈电子科技有限公司
万用电炉	220V-AC	北京科伟永兴仪器有限公司
电子天平	YP10002	上海衡际科学仪器有限公司

16.3 试验方法

16.3.1 红薯叶复合面条工艺要点

红薯叶复合湿面条制作工艺同 15.3.1 节，混合粉的配方为：红薯叶粉 10g，谷朊粉 20g，小麦粉 170g 进行复配，最后所得的生鲜面条长 250mm，宽 3mm，厚 1mm，红薯叶复合面条初始的干基含水率为 0.49g·g^{-1}。

16.3.2 单因素试验设定

用单因素试验法来分析热泵干燥温度、转换点含水率和热风干燥温度对红薯叶复合面条的综合影响，以红薯叶复合面条单位能耗、有效水分扩散系数、煮制吸水率和煮制损失率为质量指标。在热泵干燥风速为 1.50m·s^{-1} 条件下分别进行试验，试验分为 3 组，且每次试验做三次平行，记录各组的 4 项品质指标。

① 热泵干燥温度设定同第 3 章的 3.3.2：将热泵干燥温度设置为 30℃、35℃、40℃、45℃、50℃，待湿基含水率降至 18%，停止热泵干燥，转为热风干燥，设置热风干燥温度为 50℃。

② 转换点含水率设定：设置热泵干燥温度为 40℃，待含水率降至 14%、16%、18%、20%、22%，转为热风干燥，设置热风干燥温度为 50℃。

③ 热风干燥温度设定：设置热泵干燥温度为 40℃，待含水率降至 18%，停止热泵干燥，转为热风干燥，设置热风干燥温度为 40℃、45℃、50℃、

55℃、60℃。

16.3.3 响应面优化试验

试验设计方法，以热泵干燥温度（A）、转换点含水率（B）、热风干燥温度（C）为自变量，进一步研究这3个因素与联合干燥红薯叶复合面条单位能耗、有效水分扩散系数、煮制吸水率和煮制损失率的关系。试验因素水平见表16-2。

表16-2 试验因素水平表

水平	因素		
	A(热泵干燥温度)/℃	B(转换点含水率)/%	C(热风干燥温度)/℃
1	30	60	45
0	40	70	55
1	50	80	65

16.4 指标测定

16.4.1 红薯叶复合面条单位能耗的测定

同第14章14.4.2。

16.4.2 红薯叶复合面条干基含水率的测定

同第15章15.3.2。

16.4.3 红薯叶复合面条有效水分扩散系数的测定

假设面条是一个长方体模型（250mm×3mm×1mm），其长度远大于宽度和厚度，面条中水分主要沿其宽（x）、厚（y）两个方向进行扩散，故可把水分扩散方式看作是二维平面扩散模型，由Newmen可得水分比（MR）如式(16-1)所示：

$$MR=\frac{X_t-X_e}{X_0-X_e}=\left(\frac{X_t-X_e}{X_0-X_e}\right)_x\left(\frac{X_t-X_e}{X_0-X_e}\right)_y\left(\frac{X_t-X_e}{X_0-X_e}\right)_z \tag{16-1}$$

式中，X_0 为生鲜复合面条的干基含水量，$g \cdot g^{-1}$；X_t 为 t 时刻的干基含水量，g·g^{-1}；X_e 为干燥结束时的干基含水量，g·g^{-1}；x 为复合面条宽度，m；y 为复合面条厚度，m。

复合面条中水分扩散可视为一维模型，水分就是从面条中心内部沿直线向外扩散，故由 Fick 第二定律计算 MR，得到式（16-2）。

$$MR=\frac{8}{\pi^2}\sum_{n=0}^{\infty}\frac{1}{(2n+1)^2}\exp\left[\frac{-(2n+1)^2\pi^2 Dt}{4L_i^2}\right] \tag{16-2}$$

红薯叶复合面条在干燥过程中，部分水分蒸发，体积微减，其水分散失具有方向性，故根据此规律参考曾令彬和张卫鹏等的方法并做出以下假设：①红薯叶复合面条有一个比较有规律的组织内部结构，故设定干燥过程中各方向的水分扩散系数相等，即 $D_x=D_y=D_z=D$；②忽略复合面条体积的变化，L_i 是定值；③因复合面条的宽度和厚度远远小于复合面条的长度，忽略面条的长度方面的扩散，只考虑复合面条的宽度和厚度两个方向。当 $n=0$ 时，联立式（16-1）、式（16-2）得式（16-3）：

$$MR=\frac{X_t-X_e}{X_0-X_e}\approx\left(\frac{8}{\pi^2}\right)^2\exp\left[-\frac{\pi^2}{4}Dt\left(\frac{1}{L_y^2}+\frac{1}{L_z^2}\right)\right] \tag{16-3}$$

式中，D 为有效水分扩散系数，m^2·s^{-1}；L_y 为复合面条宽度的 1/2，m；L_z 为复合面条厚度的 1/2，m；t 为干燥所需时间，s；n 为试验组数。

将式（16-3）式两端取自然对数得：

$$\ln MR=\ln\left(\frac{8}{\pi^2}\right)^2-\frac{\pi^2 D}{4(L_y^2+L_z^2)}t \tag{16-4}$$

由式（16-4）可知，$\ln MR$ 和 t 有一定的线性规律，通过 Origin 来线性拟合，拟合得到的斜率即为有效水分扩散系数 D。

16.4.4 红薯叶复合面条煮制吸水率的测定

红薯叶复合面条的最佳煮制时间见 15.3.3 节。烧杯放入 500mL 水，使用可调式电炉煮至微沸，放入 10 根面条，达到 15.3.3 节中的煮制时间时，将面条轻轻捞出，沥干水分，按式（16-5）计算煮制吸水率。

$$煮制吸水率=\frac{M-m}{m}\times 100\% \tag{16-5}$$

式中，M 为煮制后的红薯叶复合面条的重量，g；m 为煮制前红薯叶复合面条的原始干物质量，g。

16.4.5 红薯叶复合面条煮制损失率的测定

同第 15 章 15.3.5。

16.4.6 综合评分的测定

将单位能耗、有效水分扩散系数、煮制吸水率、煮制损失率这 4 个指标的重要性比例设为 3∶3∶2∶2 进行工艺优化，计算公式同第 14 章 14.4.6。

16.4.7 红薯叶复合面条干燥模型的选择

根据国内外相关的薄层干燥模型对最佳工艺下红薯叶复合面条的干燥特性进行动力学研究，选用了 6 种常规的数学模型，数学模型如表 16-3 所示，通过拟合筛选出最能表征干燥特性的数学模型。

表 16-3 干燥数学模型

序号	模型名称	模型公式
1	Modified page	$MR=\exp[-(kt)^n]$
2	Logarithmic	$MR=a\times\exp(-kt)+b$
3	Lewis	$MR=\exp(-kt)$
4	Midilli	$MR=a\times\exp(-kt^n)+bt$
5	Pabis	$MR=a\times\exp(-kt)$
6	Two-term	$MR=a\times\exp(-kt)+b\times\exp(-k_1t)$

所有红薯叶复合面条的水分比 MR 都为实测值，可通过 Origin 对模型中水分比 MR 和时间 t 的关系进行拟合，拟合得到的模型系数 R^2、残差平方和 χ^2 和均方根误差 $RMSE$ 决定了该模型的拟合程度，拟合得到的 R^2 越高、χ^2 和 $RMSE$ 越低，则表明该模型拟合程度越高，用这种方式来确定红薯叶复合面条联合干燥的数学模型，R^2、χ^2 和 $RMSE$ 指标根据式 (16-6)～式 (16-8) 来计算。

$$R^2=1-\frac{\sum_{i=1}^{N}(MR_{\exp,i}-MR_{pre,i})^2}{\sum_{i=1}^{N}(MR_{\exp,i}-\overline{MR}_{pre,i})^2} \tag{16-6}$$

$$\chi^2=\frac{\sum_{i=1}^{N}(MR_{\exp,i}-MR_{pre,i})^2}{N-n} \tag{16-7}$$

$$RMSE = \sqrt{\frac{\sum_{i=1}^{N}(MR_{\mathrm{pre},i} - MR_{\mathrm{exp},i})^2}{N}} \tag{16-8}$$

式中，$MR_{\mathrm{exp},i}$ 为第 i 时刻试验测定的水分比；$MR_{\mathrm{pre},i}$ 为第 i 时刻模型拟合的水分比；N 为试验重复次数；n 为模型参数的数量。

16.4.8 红薯叶复合面条水分分布的测定

试验测定的是红薯叶复合面条干燥过程中的水分分布的情况，试验前用标准样品进行校准，然后切取干燥过程中长为 2cm 的红薯叶复合面条，轻放于专用试管中缓缓放入分析仪的特定位置，核磁是通过 *CPMG* 脉冲序列进行扫描，结果 T_2 即为红薯叶复合面条的自旋-自旋弛豫时间。分析仪的参数为：主频 $SF=21$，采样频率 $SW=100\mathrm{kHz}$，模拟增益 $RG_1=20$，数字增益 $DRG_1=3$，前置放大增益 $PRG=2$，采样点数 $TD=8992$，采样间隔时间 $T_W=1500\mathrm{ms}$，回波个数 $NECH=300$，回波时间 $T_E=0.3\mathrm{ms}$，累加次数 $N_S=8$，每个时间点做三个水平，将检测结果保存并对 T_2 进行反演，反演迭代 100000 次，结果即为 T_2 反演谱。

16.4.9 数据处理

同第 14 章 14.4.7。

16.5 结果与分析

16.5.1 热泵干燥温度对红薯叶复合面条品质的影响

图 16-1 显示了热泵干燥温度对红薯叶复合面条单位能耗、有效水分扩散系数、煮制吸水率和煮制损失率的影响。由图 16-1 中可知，随着热泵温度的升高，单位能耗逐渐减小，有效水分扩散系数逐渐增大。单位能耗与热泵温度基本上成线性关系，热泵温度升高，导致对流密度增加，加速了热空气与样品中水分的交换速度，从而缩短了干燥所需的时间，达到节能的目的；随着热泵温度的升高，红薯叶复合面条与空气之间的温度梯度增大，能有效推动热量交换，环境温度升高也会导致相对湿度的降低，推动红薯叶复合面条水分的迁

移，红薯叶复合面条表面的水分散失到空气中，内部的自由水分也缓缓向表面迁移，有利于质的传递，有效水分扩散系数也就越来越大。热泵温度升高到一定程度，有效水分扩散系数升高略平缓是因为热泵温度过高，红薯叶复合面条表面迅速成膜，阻碍了水分的有效散失，故有效水分扩散系数有一定的下降。煮制吸水率和煮制损失率随着热泵温度升高均呈现先下降后升高的趋势，煮制吸水率越大说明红薯叶复合面条的延展性、韧性和适口性越好，煮制损失率较大说明红薯叶复合面条的组织结构较松散，大部分的淀粉分子被裸露在外，面汤黏糊，面条的口感不清爽。热泵温度过高导致面条出现酥面现象，煮制吸水率会增大，但增加面条断裂的概率，面条断裂口的淀粉颗粒暴露在外，面条的损失率因此升高。

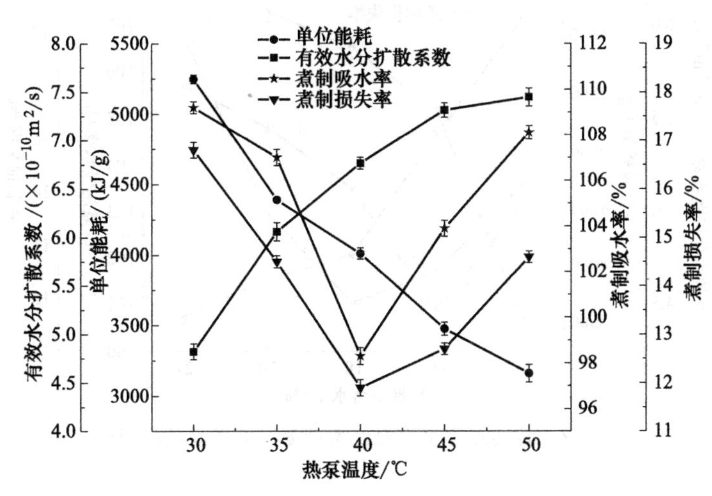

图 16-1 热泵干燥温度对红薯叶复合面条品质的影响

16.5.2 转换点含水率对红薯叶复合面条品质的影响

图 16-2 展示了热泵-热风联合干燥中红薯叶复合面条的转换点含水率对复合面条的单位能耗、有效水分扩散系数、煮制吸水率和煮制损失率的影响。由图 16-2 可知，随着转换点红薯叶复合面条含水率的增大，单位能耗逐渐下降，有效水分扩散系数逐渐上升，煮制吸水率和煮制损失率都呈现先下降后增大的趋势，并均在转换点含水率 16%时取得最小值。后期热风的温度相对大于前期热泵的温度，转换点面条含水量越高，就越早进入热风干燥时期，环境温度升高了，样品与环境的温度差增大，加速了物料与空气之间质热的传递，缩短了样品到达终点的干燥时间，干燥能耗因此逐渐减小，但转换点含水量过大，

过早转入热风干燥，高温使面条表皮过早形成一层硬皮，阻碍了面条内部大部分自由水的散失，因此干燥速率降低，所以转换点含水率过大单位能耗的增率下降。如果转换点含水量越高，则能更早地进入后期热风干燥，环境温度升高，加速了复合面条的水分散失，因此节省了干燥时间，能耗降低，有效水分扩散系数因此增大。红薯叶复合面条的转换点含水率在一定方面影响了面条的煮制特性，含水率过大转入后期的高温环境，面条还未成型，面条中还有大部分自由水，面条表面就形成较厚的酥面层，严重影响了煮制过程水分的吸收，导致面条的断裂，使煮制损失率增大。

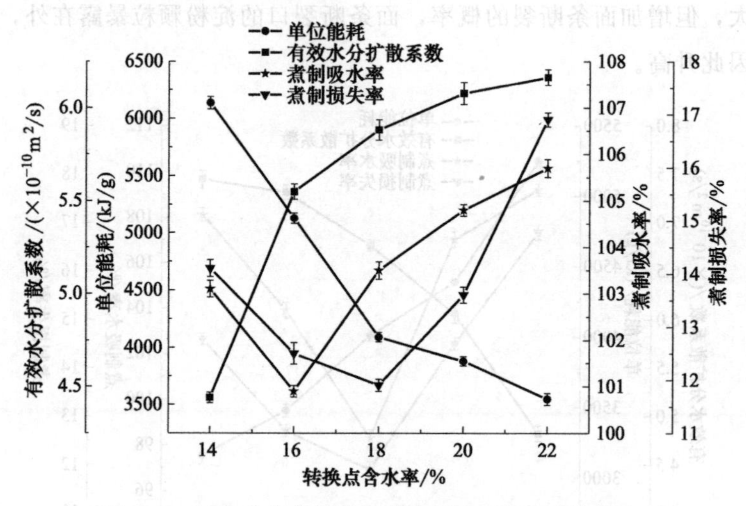

图 16-2　转换点含水率对红薯叶复合面条品质的影响

16.5.3　热风干燥温度对红薯叶复合面条品质的影响

图 16-3 展示了联合干燥中后期的热风温度对红薯叶复合面条的单位能耗、有效水分扩散系数、煮制吸水率和煮制损失率的影响。由图 16-3 可知，热风温度升高，单位能耗逐渐下降，有效水分扩散系数逐渐上升，前期热泵低温干燥主要是除去面条大部分的自由水，使面条的品质有一定的保证，后期热风高温干燥是去除面条中的弱结合水和强结合水，高温加速了水分子的运动，缩短了面条内部与外部的热交换时间，故热风温度越高，干燥时间越短，所需的能耗越低，单位能耗降低，有效水分扩散系数增大。虽然提高热风温度降低了能耗，但过高的温度使面条表面硬化，表面的淀粉迅速形成一层阻碍膜，面条变得硬化，影响了面条的弹性和延展性，导致面条在沸水中不耐煮，未达到最佳

煮制时间就已经断裂，断裂口表面粗糙，淀粉分子和红薯叶粉暴露在外，因此增大了煮制损失率，吸水率也增大，但适口性降低，咀嚼时稍有粘牙。

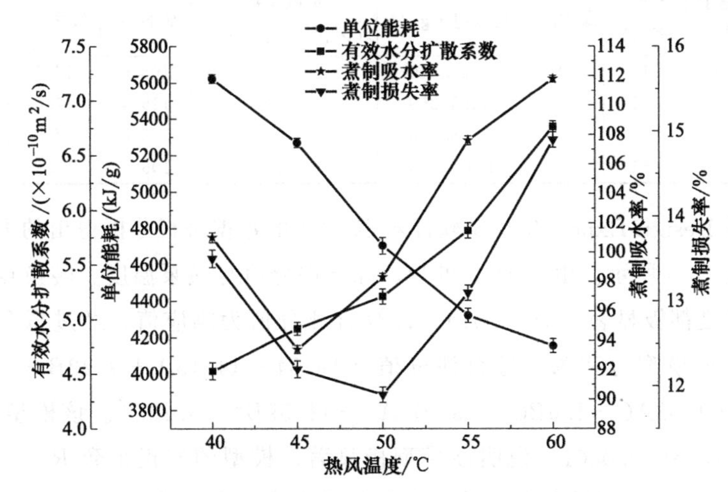

图 16-3 热风干燥温度对红薯叶复合面条品质的影响

16.5.4 响应面优化设计与分析

通过响应面法对热泵干燥温度（A）、转换点含水率（B）和热风干燥温度（C）三个因素对单位能耗、有效水分扩散系数、煮制吸水率和煮制损失率的综合评分值进行优化设计，试验设计与结果如表 16-4 所示。

表 16-4 响应面试验设计及结果

试验号	A 热泵温度/℃	B 转换点含水率/%	C 热风温度/℃	单位能耗/(kJ·g^{-1})	有效水分扩散系数/($\times10^{-10}$m^2·s^{-1})	煮制吸水率/%	煮制损失率/%	综合评分
1	0	1	−1	4950.235	5.73	105.6	14.9	12.408
2	0	−1	−1	6294.731	4.92	99.7	15.7	−10.843
3	1	0	−1	5150.985	5.64	111.0	16.7	11.614
4	−1	0	−1	8394.735	3.99	111.9	15.9	−13.321
5	0	1	1	4706.071	5.82	104.1	16.9	5.657
6	0	0	0	5667.795	5.55	106.7	11.8	19.457
7	0	0	0	5467.795	5.57	106.4	11.7	20.429
8	0	0	0	5267.795	5.60	106.6	11.9	21.181
9	0	−1	1	7092.204	4.27	105.1	15.1	−11.198
10	0	0	0	5667.795	5.55	107.3	12.0	19.555
11	0	0	0	5767.795	5.49	106.8	11.8	18.599
12	1	1	0	3454.794	6.62	102.1	17.5	13.724
13	1	0	1	4658.073	6.04	102.9	15.9	9.621

续表

试验号	A 热泵温度/℃	B 转换点含水率/%	C 热风温度/℃	单位能耗/(kJ·g^{-1})	有效水分扩散系数/($\times10^{-10}m^2\cdot s^{-1}$)	煮制吸水率/%	煮制损失率/%	综合评分
14	−1	1	0	6523.040	4.79	108.6	17.7	−8.314
15	1	−1	0	6295.259	4.99	115.4	17.6	3.467
16	−1	0	1	7998.525	4.00	108.6	17.6	−21.402
17	−1	−1	0	10455.720	3.29	106.7	14.9	−31.749

通过 Design-Expert 8.0.6 软件对表 16-4 的数据进行分析得出的方差分析结果如表 16-5 所示。由表 16-5 可知，综合评分值与热泵温度、转换点含水率和热风温度都极显著（$p<0.01$）。以综合评分值为响应值，经过拟合得到回归模型，该模型方程为：综合评分值$=19.84+14.15A+9.22B-2.15C-3.29AB+1.52AC-1.6BC-13.97A^2-11.59B^2-9.25C^2$。该模型的 F 值为 324.85，$p<0.0001$，说明该模型极显著。模型的校正系数 $R^2=0.9976$，表明指标综合评分值实测值与模拟预估值重合性较高；模型调整系数为$R^2_{Adj}=0.9945$，说明试验值有 99.45%能完全解释预测值，只有 0.55%是不能用此模型预测值来说明，则该模型能较好地表征红薯叶复合面条的干燥过程。由表 16-5 可知，热泵干燥温度、转换点含水率和热风干燥温度对综合评分影响的显著性极高（$p<0.01$），由模型均值 F 检验可得热泵干燥温度（A）、转换点含水率（B）和热风干燥温度（C）对红薯叶复合面条综合品质的影响主次为：$A>B>C$ 且 $A^2>B^2>C^2$。

表 16-5 回归方程方差分析表

方差来源	平方和	自由度	均方	F 值	p 值
模型	4327.90	9	480.88	324.85	<0.0001
A 热泵温度	1602.11	1	1602.11	1082.28	<0.0001
B 转换点含水率	680.78	1	680.78	459.89	<0.0001
C 热风温度	36.89	1	36.89	24.92	0.0016
AB	43.42	1	43.42	29.33	0.0010
AC	9.27	1	9.27	6.26	0.0409
BC	10.22	1	10.22	6.91	0.0340
A^2	821.75	1	821.75	555.12	<0.0001
B^2	565.80	1	565.80	382.21	<0.0001
C^2	359.94	1	359.94	243.15	<0.0001
残差	10.36	7	1.48		
失拟项	6.45	3	2.15	2.20	0.2306
纯误差	3.91	4	0.98		
总离差	4338.27	16			
系数		$R^2=0.9976$		$R^2_{Adj}=0.9945$	

注：$p<0.01$，差异极显著；$p<0.05$，差异显著。

16.5.5 响应面优化与验证

图 16-4 显示了 AB、AC、BC 对综合评分值影响的响应面和等高线图，由图 16-4 可知 AB 响应面曲线较陡对综合评分值影响最大（$p<0.01$），影响

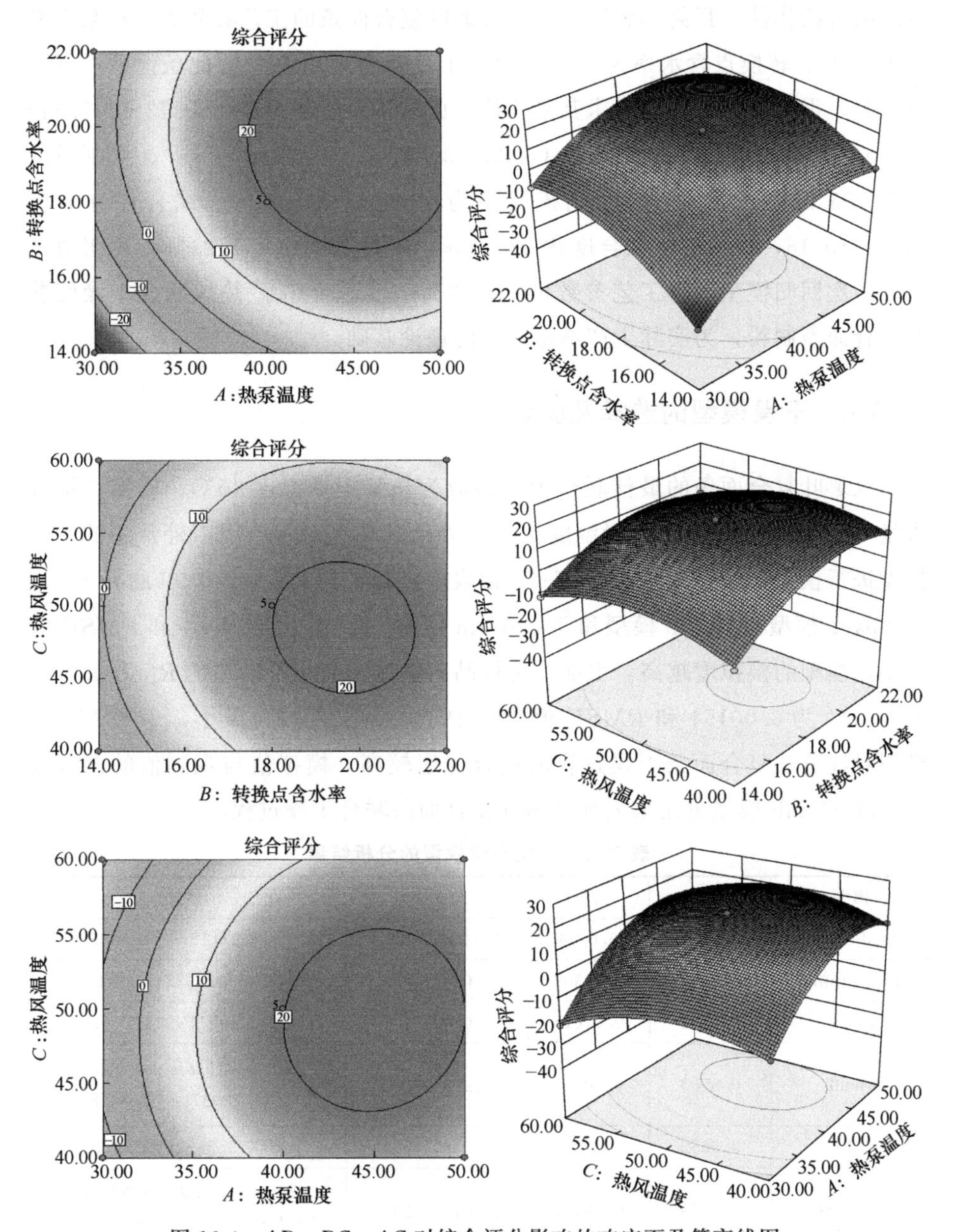

图 16-4 AB、BC、AC 对综合评分影响的响应面及等高线图

极显著；因和 BC 和 AC 曲线较为平缓，对综合评分值影响相对减小（$p<0.05$），影响显著。各个交互作用影响的主次为：$AB>BC>AC$。通过模型模拟优化联合干燥红薯叶复合面条的最佳工艺为：热泵干燥温为 44.60℃、转换点含水率为 19.36%、热风干燥温度为 48.92℃，综合评分值为 24.79，考虑试验的可操作性，最终调整联合干燥红薯叶复合面条的工艺参数为：热泵干燥温为 45℃、转换点含水率为 19%、热风干燥温度为 49℃，在此条件下进行验证试验，做 3 次平行试验并求其平均值，此时单位能耗为（4350.12±112.31）$kJ \cdot g^{-1}$、有效水分扩散系数为（6.38±0.3410）$\times 10^{-10} m^2 \cdot s^{-1}$、煮制吸水率为 105.91%±1.45%、煮制损失率为 13.93%±0.79%，综合评分值为 24.49±0.16，与预测值拟合度达 98.79%，相对误差约为 1.21%，表明由该多元二次回归模型获得工艺参数可靠系数高，较适合热泵-热风联合干燥红薯叶复合面条制粉，为实际生产奠定一定的理论基础。

16.5.6 干燥模型的选择及验证

红薯叶复合面条的最佳联合干燥参数为热泵干燥温度 45℃、转换点水分含量 $0.19g \cdot g^{-1}$、热风干燥温度 49℃，在此条件下对六个国内外常用的干燥模型进行模拟，模拟结果如表 16-6。由表中可知，其 R^2 大于 0.99 的有 Modified page 模型、Midilli 模型和 Two-term 模型。R^2 较大同时 χ^2 和 $RMSE$ 值较小，模型的模拟度越高，更能作为样品的模型。Midilli 模型的 R^2 为 0.9983 最大、χ^2 为 0.00154 和 $RMSE$ 值为 2.19578×10^{-4} 均为最小，表明 Midilli 模型对红薯叶复合面条干燥过程的拟合优度较高，模拟值与观测值的误差较小，故 Midilli 模型可用来表征红薯叶复合面条联合干燥过程。

表 16-6 不同干燥模型的分析结果

模型	R^2	χ^2	$RMSE$	参数
Modified page	0.9927	0.0066	7.33441×10^{-4}	$k=2.67428, n=0.80951$
Logaeithmic	0.9856	0.01309	0.00164	$a=0.945, k=2.48349, b=0.01304$
Lewis	0.9822	0.01614	0.00161	$k=2.49466$
Midilli	0.9983	0.00154	2.19578×10^{-4}	$a=0.99845, b=-0.06015$, $k=1.72937, n=0.64189$
Pabis	0.9852	0.01342	0.00149	$a=0.95263, k=2.3741$
Two-term	0.9954	0.00291	4.16406×10^{-4}	$a=0.79205, b=0.20795$, $k=1.98047, k_1=10636.04565$

可通过方差分析来检验 Midilli 模型的拟合优度，分析结果如表 16-7 所示，分析方程极显著（$p=0.001$），即证实了 Midilli 模型可用来表征红薯叶复合面条在热泵-热风联合干燥过程中水分迁移变化规律。根据试验数据分析得，红薯叶复合面条在最佳联合干燥工艺参数下的数学模型表征公式是：$MR=0.99845\exp(-1.72937t^{0.64189})-0.06015t$。

表 16-7 回归方程的方差分析

方差来源	SS	f	MS	F 值	显著水平
回归	1.67136	4	0.41784	1902.92453	$p=0.001$
剩余	0.00154	7	2.19578×10^{-4}		
总和	1.6729	11			

选取与联合干燥最佳参数不同的试验干燥参数对 Midilli 模型进行验证。验证试验的干燥参数设置为热泵干燥温度 40℃、转换点含水率 18%、热风干燥温度 50℃，试验重复三次，最终与模型拟合，拟合效果如图 16-5 所示。模型的决定系数 $R^2=0.9978$，观测值与模拟值能较好拟合，说明 Midilli 模型能够较好地表征红薯叶复合面条联合干燥的干燥规律，可用来预测红薯叶复合面条干燥过程中的水分变化规律。

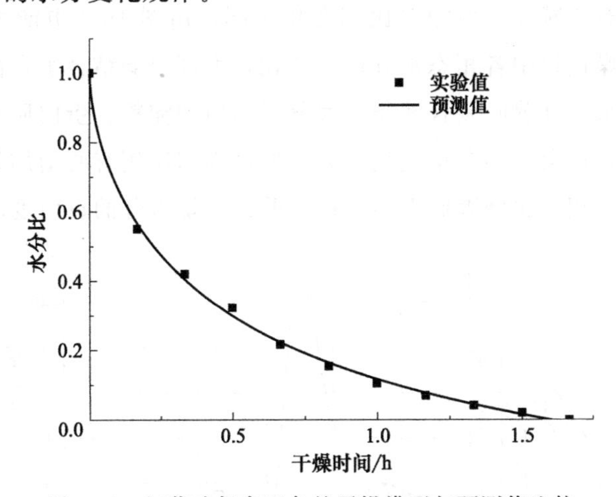

图 16-5 红薯叶复合面条的干燥模型与预测值比较

16.5.7 红薯叶复合面条的水分分布

LF-NMR 的测定机制：测量纵向弛豫时间 T_1、横向弛豫时间 T_2 和自扩散系数来映射出氢质子的运动特性，弛豫是指氢质子核使用非辐射的方法，从高能态向低能态转化的过程，T_1 测量的是自旋与环境的作用，T_2 测量的自旋之间的相互作用，食品科学中多用 T_2 来表征弛豫时间，用来分析结合水与自由水之间的渗透与交换。

图 16-6 红薯叶复合面条联合干燥过程中弛豫时间 T_2 的反演瀑布图谱。由图 16-6 可得，每个干燥时刻均有 2～3 峰，代表着三种状态的水，以干燥初期红薯叶复合生鲜面条的水峰状态分为强结合水、弱结合水和自由水，不同波峰对应的弛豫时间记为强结合水 T_{21}（0.01～0.658ms）、弱结合水 T_{22}（0.658～10.723ms）和自由水 T_{23}（10.723～10000ms），最初相应的峰面积为 A_{21} 为 207.032（6.677%）、A_{22} 为 2853.491（92.032%）、A_{23} 为 40.033（1.291%）。在干燥初期，红薯叶复合面条的弱结合水比例最高，强结合水次之，自由水最低，这可能是因为红薯叶粉中膳食纤维的吸水能力，大部分水都以弱结合水的形式存在于面条结构中。随着干燥的进行，强结合水、弱结合水和自由水的弛豫时间均有所下降，峰值均左移，弱结合水的峰值变化最大，动态向强结合水和自由水转化。干燥终期峰面积为 A_{21} 为 513.659（54.654%）、A_{22} 为 391.469（41.653%）、A_{23} 为 34.712（3.693%），整个干燥过程中，所有的水分都有所减少，但相对比例变化不同，由图 16-7 更能直观看出红薯叶复合面条干燥过程中各相态水分比例变化，大部分弱结合水自由度逐渐降低转化为强结合水，红薯叶复合面条中大分子物质如淀粉、蛋白质和膳食纤维等结合更为紧密，自由水的含量变化不大，但峰面积比例有所增加是因为弱结合水的含量减少，相对比例因此提高，还表明极小量水分的自由度增大，干燥末

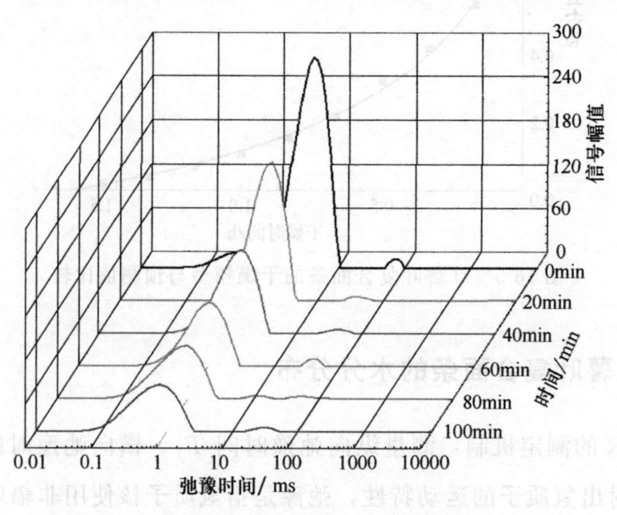

图 16-6　红薯叶复合面条联合干燥过程中 T2 图谱

期中的红薯叶复合面条中存在自由水，这与魏益民对挂面研究结果的结论一致。

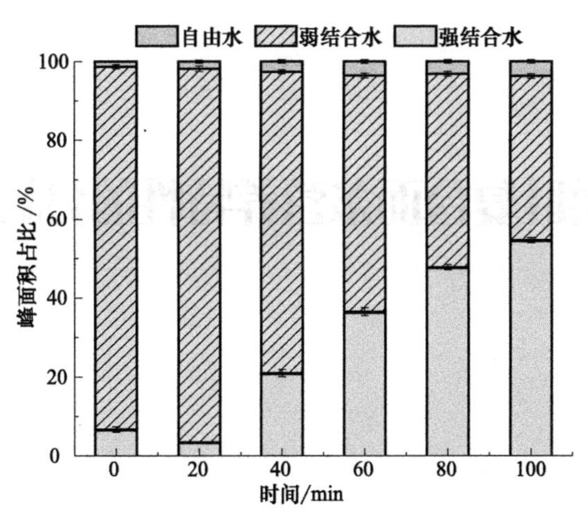

图 16-7 红薯叶复合面条干燥过程中各相态水分比例变化

16.6 本章小结

本章探究了干燥条件对红薯叶复合面条联合干燥特性的影响，随着热泵干燥温度的升高、转换点含水率的增大、热风干燥温度的升高，联合干燥的单位能耗降低，有效水分扩散系数增大，煮制吸水率和煮制损失率呈现先减小后增大的趋势。通过响应面法对干燥参数进行优化，对其综合评分影响的主次为：热泵干燥温度＞转换点含水率＞热风干燥温度，根据实际生产热泵-热风联合干燥参数优化的结果为：热泵温度 45℃、转换点含水率 19%、热风温度 49℃，在此条件下的红薯叶复合面条可用 Midilli 模型较好地表征干燥规律。LFNMR 结果表明：红薯叶复合面条弱结合水占比最高，随着干燥的进行，弱结合水动态向强结合水和自由水转化，水峰均左移，峰值下降，红薯叶复合面条中淀粉、蛋白质和膳食纤维等大分子物质结合更为紧密。

第17章

红薯叶复合面条营养特性的分析

17.1 概述

近些年红薯叶的营养保健价值逐渐被认可，红薯叶富含糖、粗蛋白质、矿物质、维生素、黄酮类、酚类、绿原酸等许多活性成分，被称为“绿叶菜之王”“营养全能王”，红薯叶中胡萝卜素含量是胡萝卜的4.8倍，其 V_C 含量是柑橘的二倍多，其含有一种独特的胶黏蛋白，可提高细胞的免疫活性，进而能降低冠心病和动脉硬化发生概率，长期食用可预防便秘，使肌肤光滑，延缓机体的衰老等。红薯叶的食用价值不菲，加入面条可弥补面条中的营养缺失，本章意在探究红薯叶复合面条特有的营养特性，对不同采摘期的红薯叶进行分析比较，探究不同采摘期红薯叶对复合面条的糊化特性、质构特性和微观结构的影响，并测定其叶绿素、总酚和黄酮含量，对其抗氧化性进行检测。

17.2 材料与设备

17.2.1 材料与试剂

材料同第16章中16.2.1；主要试剂为无水乙醇、丙酮、甲醇、三氯化铝、醋酸钾、芦丁标准液、十二烷基硫酸钠分析纯、三氯化铁、铁氰化钾、盐酸、没食子酸标准溶液、DPPH溶液、TPTZ分析纯、无水醋酸钠、冰乙酸、$FeSO_4$ 分析纯。

17.2.2 仪器与设备

表 17-1 主要仪器与设备

仪器名称	型号	生产厂家
食品物性分析仪	SMS TA. XT Epress 型	Stable Micro
新型布拉班德黏度仪	803302 型	德国 Brabender
紫外可见分光光度计	UV-2600 型	上海龙尼柯仪器有限公司
台式高速离心机	TG16-WS 型	湖南湘仪实验室仪器开发有限公司
日立台式电镜	TM3030 型	日本电子株式会社
高速多功能粉碎机	HC-200 型	浙江省永康市金穗机械制造厂
万用电炉	220V-AC	北京科伟永兴仪器有限公司

17.3 试验方法

17.3.1 红薯叶面条工艺要点

红薯叶复合生鲜面条的制作工艺同第 16 章 16.3.1 节，干燥工艺参数参考第 16 章的结论。

17.3.2 糊化特性的测定

将红薯叶复合面条联合干燥后、粉碎，过 100 目筛，然后准确称取 400g 样品混合液（质量分数为 6%），开机校正参数，参数设置为：Starting Temperature 50℃，Heating Rate 3℃ · min^{-1}，Maximum Temperature 95℃，接着把样品混合液倒入测量钵测量，测试结束保存曲线和曲线数据。

17.3.3 质构特性的测定

同第 15 章 15.3.6。

17.3.4 微观结构的测定

同第 13 章 13.3.9。

17.3.5 叶绿素的测定

依据 NY/T 3082—2017 进行红薯叶复合面条叶绿素含量的测定：把干燥好的复合面条粉碎并过 100 目筛，取面条粉末少许，按 1∶1（质量比）的比例加入蒸馏水搅拌，提取剂配制方法：无水乙醇∶丙酮＝1∶1（体积），备用。用电子天平称取 0.5g 红薯叶复合面条粉末置于具塞三角烧瓶中，加入 100mL 提取剂，加塞避光置于室温 5h，过滤待测，测定时把提取剂作为空白调零，分别在 645nm 和 663nm 处测定滤液的吸光度值，叶绿素含量含按式（17-1）计算。

$$w=\frac{(8.05\times A_1+20.29\times A_2)\times V}{1000\times m} \tag{17-1}$$

式中，w 表示叶绿素含量，$mg\cdot g^{-1}$；A_1 表示滤液在 663nm 处的吸光度值；A_2 表示滤液在 645nm 处的吸光度值；V 表示提取液的总体积，mL；m 表示面条粉末的质量，g。

叶绿素在光照和高温下容易发生氧化分解反应，故全程在常温暗光下进行。

17.3.6 黄酮的测定

称取 0.5g 红薯叶复合面条粉末，加入 50mL70％甲醇，在 70℃下水浴提取 3h。过滤，取滤液 1mL 于 10mL 具塞试管，加入 $0.1mol\cdot L^{-1}$ 三氯化铝溶液 2mL 和 $1.0mol\cdot L^{-1}$ 醋酸钾溶液 3mL，定容后摇匀，静置 30min，在 420nm 波长处测其吸光度，分别吸取 0mL、0.5mL、1mL、2mL、3mL、4mL 浓度为 $0.05mg\cdot mL^{-1}$ 的芦丁标准溶液（70％甲醇为溶剂）置于 10mL 具塞试管中，按上述方法测定吸光度，绘制标准曲线，经试验测得标准曲线为 $Y=0.3352X-0.0041$，$R^2=0.9998$。

$$\text{黄酮含量}(mg\cdot g^{-1})=\frac{m\times 50}{V\times M} \tag{17-2}$$

式中，m 为测试样品中芦丁的质量，mg；V 为测定液体积，mL；50 为测定样液总体积，mL；M 为测定样品质量，g。

17.3.7 总酚的测定

取 17.3.6 中样品滤液 0.5mL 于 25mL 具塞试管中，加 70％甲醇 3mL，

十二烷基硫酸钠溶液（0.3%）2mL、混合溶液（0.6%三氯化铁和0.9%的铁氰化钾以1∶0.9比例混合）1mL，摇匀，避光放置5min，用0.1mol·L^{-1}盐酸定容，避光放置30min，在720nm下测定吸光值，将0.05mg·mL^{-1}没食子酸标准溶液（70%甲醇为溶剂）稀释为0.0020mg·mL^{-1}、0025mg·mL^{-1}、0.0050mg·mL^{-1}、0.0100mg·mL^{-1}、0.0125mg·mL^{-1}、0.0150mg·mL^{-1}浓度的没食子酸工作液，分别吸取2mL不同浓度的没食子酸工作液，按上述方法测定吸光度，绘制标准曲线，经实验测得标准曲线为$Y=9.2946X+0.0848$，$R^2=0.9993$，总酚的含量按式（17-3）计算。

$$总酚含量(mg\cdot g^{-1})=\frac{m\times 50}{V\times M} \tag{17-3}$$

式中，m为测试样品中总酚的质量，mg；V为测定液体积，mL；50为测样液总体积，mL；M，测样质量，g。

17.3.8 DPPH自由基清除能力测定

以无水乙醇为溶剂配制浓度为0.1mmol·L^{-1}的DPPH溶液。称取1.0g红薯叶面条粉末，用50mL 70%甲醇70℃浸提3h后，离心，取上清液备用。取2mL DPPH溶液，加2mL浓度分别为1mg·mL^{-1}、2mg·mL^{-1}、3mg·mL^{-1}、4mg·mL^{-1}、5mg·mL^{-1}的样品提取液，在517nm处测吸光度A_i；取2mL样品提取液，加入2mL70%甲醇，吸光度为A_j；取2mL DPPH溶液，加入2mL70%甲醇，吸光度为A_c，DPPH清除率K的公式如式（17-4）所示。

$$K=\left(1-\frac{A_i-A_j}{A_c}\right)\times 100\% \tag{17-4}$$

17.3.9 总抗氧化能力测定

采用FRAP法测定总抗氧化，配制FRAP工作液（现配现用），0.3mmol·L^{-1}醋酸钠缓冲溶液（0.346g无水醋酸钠+3.2mL冰醋酸定容至200mL，用1mol·L^{-1}HCl调节pH值为3.6）、10mmol·L^{-1}TPTZ溶液（0.078g TPTZ用40mmol·L^{-1}盐酸溶液定容至25mL）和20mmol·L^{-1}三氯化铁溶液（2.78g三氯化铁用纯水定容至50mL）以10∶1∶1比例混合放置于37℃

的水浴锅中预热。将0.2mL样品离心液置于10mL具塞试管中，加入0.6mL水和6mL的FRAP工作液，摇匀后放置4 min，于593nm处测吸光值，另以0.1mmol·L^{-1}、0.4mmol·L^{-1}、0.6mmol·L^{-1}、0.8mmol·L^{-1}、1.0mmol·L^{-1}和1.5mmol·L^{-1} $FeSO_4$的标准溶液作标准曲线，样品的总抗氧化能力以$FeSO_4$（mmol·g^{-1}）表示。

17.3.10 数据的处理

同第14章14.4.7节。

17.4 结果与分析

17.4.1 红薯叶复合面条黏度特性分析

红薯成熟前后期的红薯叶的营养特性是有一定的差别，运用新型布拉班德黏度仪对红薯叶复合面条成型前后的黏度进行探究，结果如图17-1所示，其中无添加粉指没有添加红薯叶粉的面条混合粉，无添加面条指没有添加红薯叶粉制成的面条，前期粉指红薯成熟前期红薯叶制成的红薯叶复合面条混合粉，前期面条指前期红薯叶制成的红薯叶复合面条，后期粉红薯成熟后期红薯叶制成的红薯叶复合面条混合粉，后期面条指后期红薯叶制成的红薯叶复合面条。随着温度的升高-恒定-降低-恒温的过程，其黏度基本呈现升高-降低-升高-降低的趋势，无添加红薯叶粉面条的黏度>后期红薯叶粉复合面条的黏度>前期红薯叶粉复合面条的黏度。由表17-2可知，面条成型后，面条的峰值温度、峰值黏度、最终黏度、回升值和崩解值都有所下降，起糊温度上升，样品淀粉黏度的变化与淀粉颗粒膨胀和破裂有关，面条混合粉经过吸水、熟化和辊轧等过程，有水分进入并加快淀粉膨胀破裂，淀粉结晶结构被破坏，导致面条的黏度下降。加入红薯叶粉后，淀粉含量相对减少，面条的峰值黏度、最终黏度和回升值降低，崩解值上升，一定程度上抑制了淀粉的凝沉，进而防淀粉的老化，膳食纤维对蛋白结构产生副作用，导致面条的热稳定和胶黏性降低，冷稳定性相对提升。后期红薯叶粉复合面条的崩解值大于前期红薯叶粉复合面条的崩解值，说明后期红薯叶粉复合面条的耐高温和耐剪切性更高，热糊的稳定性提高了。

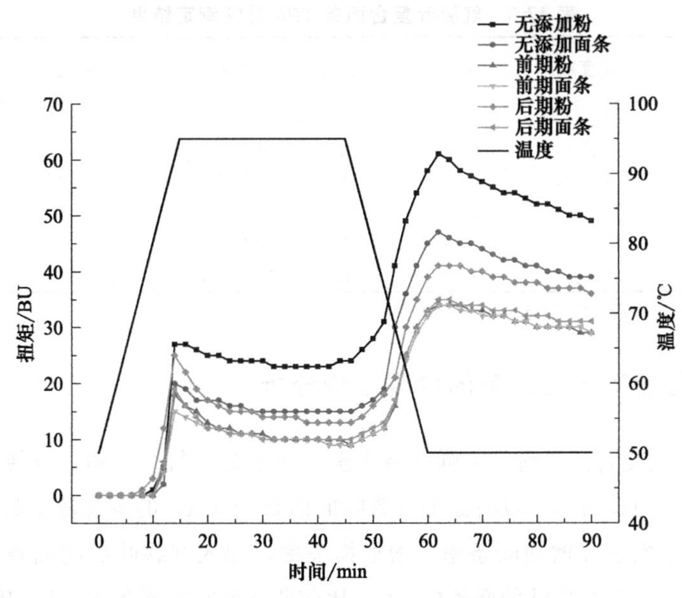

图 17-1 红薯叶前后期复合面条黏度特性

表 17-2 红薯叶前后期复合面条黏度参数

类别	起糊温度/℃	峰值黏度/BU	峰值温度/℃	恒温段起始黏度/BU	冷却段起始黏度/BU	冷却段结束黏度/BU	最终黏度/BU	崩解值/BU	回升值/BU
无添加面粉	87.0	30	95.8	29	24	58	49	6	34
无添加面条	88.0	21	92.1	20	15	45	39	6	30
红薯叶前期面粉	87.1	18	91.1	18	10	33	29	8	23
红薯叶前期面条	87.8	16	93.8	16	9	32	29	7	23
红薯叶后期面粉	85.0	25	89.6	25	13	39	36	12	26
红薯叶后期面条	86.5	20	95.1	19	10	33	31	10	23

17.4.2 红薯叶复合面条质构特性分析

表 17-3 为红薯叶粉复合面条的质构特性结果，由表而知，添加红薯叶粉复合面条的硬度、凝聚力、胶着性、咀嚼性和回复性增加，红薯叶中的膳食纤维在水热作用下使复合面条更有韧性，回复性强，适口性更佳，这可能是红薯叶粉在混合粉熟化过程中使面筋结构分布得更均匀有序，硬度也因此增加。后期红薯叶复合面条的硬度、弹性、凝聚力、胶着性、咀嚼性和回复性均大于前期红薯叶复合面条，可能是生长周期的增长，淀粉和蛋白含量可能有所增加，因此改变了面筋蛋白结构，说明后期的红薯叶复合面条质构特性更佳。

表 17-3　红薯叶复合面条 TPA 特性测定结果

红薯叶粉添加量/%	硬度/g	弹性	凝聚力	胶着性	咀嚼性	回复性
无添加面条	2781.11±84.72^{a}	0.95±0.03^{b}	0.85±0.07^{b}	2374.04±657.83^{a}	2262.97±698.44^{a}	0.58±0.12^{b}
前期红薯叶复合面条	7742.08±133.45^{c}	0.92±0.01^{c}	0.87±0.02^{c}	6773.26±154.38^{b}	6245.50±96.89^{b}	0.71±0.02^{c}
后期红薯叶复合面条	8993.66±117.24^{a}	0.96±0.03^{c}	0.94±0.01^{c}	8464.10±342.93^{b}	8129.19±117.64^{b}	0.80±0.03^{c}

注：字母不同表示 差异显著（$p<0.05$）。

17.4.3　红薯叶复合面条的微观结构分析

图 17-2 是复合面条粉，生鲜面条干至安全水分后打磨成粉，方便观察面条的微观结构，由图可知，没有添加红薯叶的面条粉（A）的颗粒较小紧致，面条硬度不够，干燥过程增加断条率，增加损失率，加入红薯叶后的面条粉颗粒变得疏松有致，后期红薯叶的面条粉（C）比前期红薯叶的面条粉（B）颗粒更大，相同作用下面条颗粒大的则表明物料的结构更稳定，可能后期的红薯叶淀粉含量增加，强化了面筋结构，膳食纤维的加入可提升面条的回复性，故在机械作用下能较好保存组织结构，从图上还能看出加入红薯叶的面条结构的孔隙直径增大，煮制过程中水分能快速进入面条中心，节省煮制时间，咀嚼性也更佳。

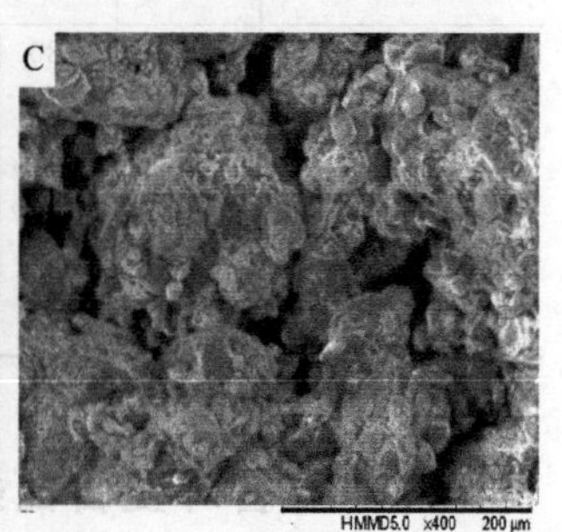

图 17-2　红薯叶复合面条的微观结构（×400）

A—无添加的复合面条；B—前期红薯叶粉复合面条；C—后期红薯叶粉复合面条

17.4.4　红薯叶复合面条营养特性分析

红薯叶的生长周期不同，其含有的营养物质及生物特性会有差异，表 17-4 展示了前期红薯叶、后期红薯叶、前期红薯叶复合面条、后期红薯叶复合面条及没有添加红薯叶的面条的叶绿素、总酚和黄酮含量，由表 17-4 可知后期红薯叶的叶绿素含量大于前期红薯叶的叶绿素含量，这是由于后期红薯叶的光照时间大于前期红薯叶，光合作用长，故后期红薯叶叶绿素大于前期红薯叶的叶绿素含量；前期红薯叶的总酚含量大于后期的总酚含量，前后期红薯叶黄酮的含量相差无几，表明红薯叶在一定的生长周期内，叶绿素含量在逐渐增加，总酚含量在减少，黄酮含量变化微量。图 17-3 是红薯叶复合面条中叶绿素、总酚和黄酮含量增减倍数，相对无添加红薯叶的面条，前期红薯叶复合面条的叶绿素增加了 3.38 倍、总酚增加 0.71 倍、黄酮增加 1.75 倍，后期红薯叶复合面条的叶绿素含量增加了 7.79 倍、总酚增加 0.41 倍、黄酮增加了 1.93 倍，红薯叶补充了面条的营养短板，丰富了面条了的营养特性，并且红薯叶中可溶性膳食纤维含量高，可作为复合面条优质的膳食纤维源。

表 17-4　红薯叶复合面条中叶绿素、总酚和黄酮含量

样品类	叶绿素/($mg \cdot g^{-1}$)	总酚/($mg \cdot g^{-1}$)	黄酮/($mg \cdot g^{-1}$)
无添加面条	0.1352±0.0541	1.76812±0.4897	1.5601±0.0132
前期红薯叶	8.4478±0.0194	11.7201±2.7128	8.3919±0.4073
红薯叶前期复合面条	0.5924±0.0069	3.0075±0.8598	4.2973±0.0971
后期红薯叶	12.5209±0.0005	7.8577±1.2579	8.3173±0.8044
红薯叶后期复合面条	1.1883±0.0057	2.4997±0.2976	4.5658±0.6014

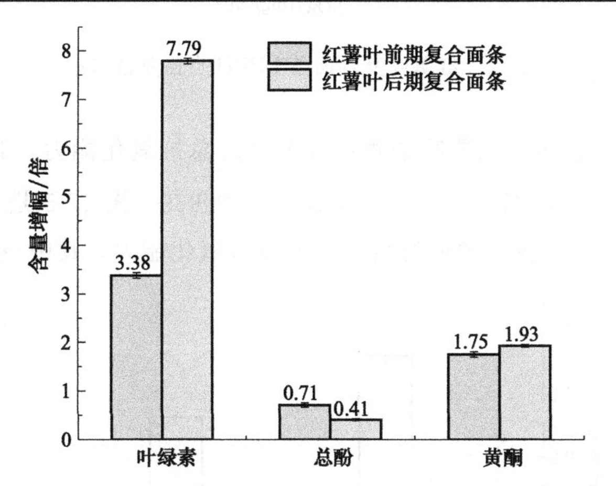

图 17-3　红薯叶复合面条中叶绿素、总酚和黄酮含量增减倍

17.4.5　红薯叶复合面条总抗氧化的测定

图 17-4 是红薯叶粉和红薯叶复合面条的 DPPH 自由基清除能力的测定。由图可知，随着提取液浓度的增加，后期红薯叶和后期红薯叶复合面条的自由基清除能力呈线性上升，前期红薯叶的自由基清除能力达到一定程度成平缓状态，

由图中还可看出前期红薯叶的抗氧化能力大于后期红薯叶的抗氧化能力，相同量的红薯叶加入复合面条中，复合面条的抗氧化能力相差不大，侧面表明前期红薯叶抗氧化能力的稳定性可能低于后期红薯叶抗氧化能力的稳定性，也可能是前期红薯叶干燥制粉后存放时间长，抗氧化能力被削弱。没有添加红薯叶的面条的抗氧化能力较弱，故可选择红薯叶加入面食中来提升食物的功能特性。

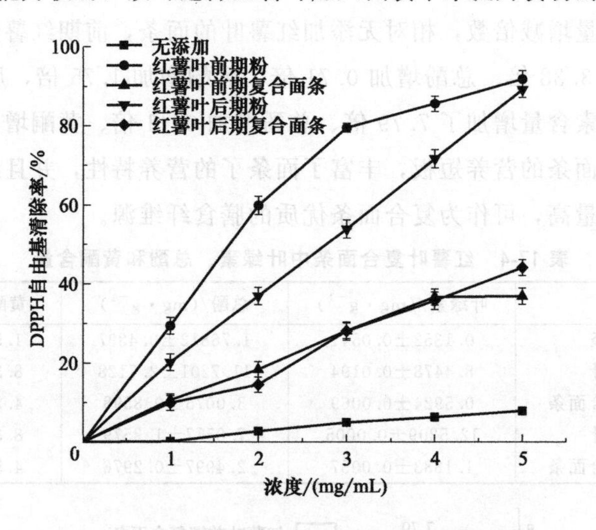

图 17-4 红薯叶复合面条 DPPH 自由基清除率

采用 FRAP 法测定红薯叶来测定红薯叶的总抗氧化能力，其中 $FeSO_4$ 的标准曲线为 $y=0.53021x+0.25335$，$R^2=0.99939$，图 17-5 是根据 FRAP 铁离子抗氧化能力来评价红薯叶复合面条的总抗氧化能力，其中空白是没有添加

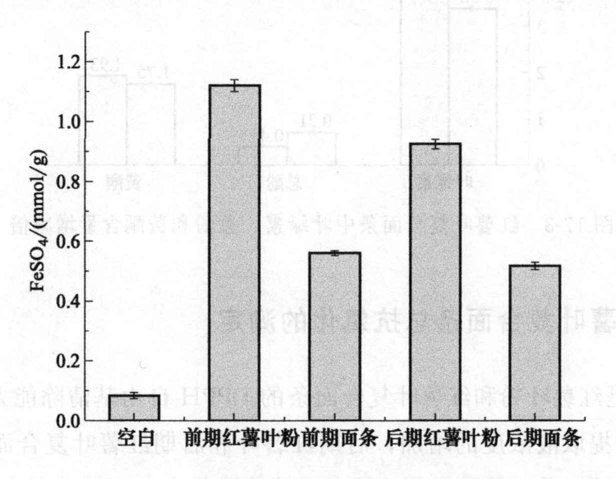

图 17-5 红薯叶复合面条的总抗氧化能力

红薯叶的面条，前期面条是前期红薯叶复合面条，后期面条是后期红薯叶复合面条，由图可知，前期红薯叶的抗氧化能力显著高于后期红薯叶的抗氧化能力，曾有研究证明抗氧化性与总酚和黄酮的含量有关，由于前期红薯叶总酚含量大于后期红薯叶的总酚含量，故红薯叶前后期抗氧化能力的差异可能与总酚有显著关系。

17.5 本章小结

本章对红薯叶复合面条的营养特性进行探究，在黏度特性方面，红薯叶复合面条成型后，黏度、回升值和崩解值都有所下降，起糊温度上升，淀粉结晶结构被破坏。相对普通面条，红薯叶的添加一定程度上抑制了淀粉的凝沉，其膳食纤维对蛋白结构产生负作用，导致面条的热稳定和胶黏性降低，冷稳定性相对提升，硬度、凝聚力、胶着性、咀嚼性和回复性都有所提升，面筋结构更疏松有致。对于红薯叶前后期营养特性方面，结果表明：红薯叶后期叶绿素含量高于前期，可作为优质的膳食纤维源；红薯叶前期的总酚含量大于前期，红薯叶前后期的黄酮含量相差无几，前期红薯叶抗氧化性大于后期红薯叶的抗氧化。红薯复合面条的叶绿素、黄酮和总酚含量均高于普通面条，抗氧化增强，红薯叶的添加有效地提高了食品的功能特性，可根据是营养需求来制作更营养健康的复合面条，为红薯副产品的生产提供理论支撑。

本篇参考文献

[1] 和建东. 怒江州饲料用红薯种植研究 [J]. 养殖与饲料，2016，(06)：41-42.

[2] 司金金. 红薯叶保鲜及干燥方式对红薯叶粉品质特性的影响 [D]. 杨凌：西北农林科技大学，2017：1-7.

[3] 李志，涂宗财，毛沅文，等. 动态超高压微射流技术提取甘薯叶黄酮 [J]. 食品科学，2010，31 (24)：83-86.

[4] 蔡秋亮. 甘薯叶保健系列产品的研制与开发 [J]. 现代农业科技，2015，(24)：266-267.

[5] 李祥，葛杨. 乡村振兴视域下产业扶贫的实践困境与路径选择——以广东吴川市稳村番薯产业扶贫模式为例 [J]. 黑龙江生态工程职业学院学报，2020，33 (04)：23-26.

[6] 李昌文. 红薯及红薯叶综合利用及深加工技术 [J]. 农业工程技术（农产品加工业），2008，02：18-20.

[7] Wang Sunan，Nie Shaoping，Zhu Fan. Chemical constituents and health effects of sweet potato [J]. Food Research International，2016，89：90-116.

[8] 谢克英，杨庆莹，孙瑞琳，等. 红薯叶的营养研究 [J]. 河南农业，2015，(14)：37-38.

[9] 周美华. 甘薯高产栽培技术 [J]. 南方农业，2020，14 (23)：19-20+22.

[10] 张彧. 红薯茎叶提取物生物活性及与其化学成分关系的研究 [D]. 南昌：南昌大学，2007：

1-5.

[11] Su Xiaoyu, Griffin Jason, Xu Jingwen, et al. Identification and quantification of anthocyanins in purple-fleshed sweet potato leaves [J]. Heliyon, 2019, 5 (6): 1-6.

[12] 黄盛蓝，张家豪，梁冰雪，等. 红薯叶应用价值及开发利用现状 [J]. 现代农业科技，2014，(19): 309-311+313.

[13] 涂宗财，傅志丰，王辉，等. 红薯叶不同溶剂提取物抗氧化性及活性成分鉴定 [J]. 食品科学，2015，36 (17): 1-6.

[14] 花榜清，张锋华，苏永红. 益生菌健康宣称的调研分析 [J]. 乳业科学与技术，2018，41 (01): 5-9.

[15] 梅秀侠，刘赏占. 一种红薯叶发酵饮料的制作工艺：中国，CN107549560A [P]. 2018-01-09.

[16] 梁宝峰，于继彤. 红薯叶山楂玫瑰保健清酒及其酿造方法：中国，CN10655 4881A [P]. 2017-04-05.

[17] Hongnan Sun, Taihua Mu, Lisha Xi, et al. Sweet potato (*Ipomoea batatas* L.) leaves as nutritional and functional foods [J]. Food chemistry, 2014, 156 (8): 380-389.

[18] 江玉洁，李美凤，陈艳，等. 红薯叶中黄酮类化合物的研究进展 [J]. 轻工科技，2018，34 (01): 8-9+57.

[19] 汪磊，李飞，朱波，等. 莜麦馒头配方研究 [J]. 中国粮油学报，2013，28 (01): 27-30.

[20] 李园园，辛艳萍，皇甫智燕，等. 山药鲜湿面条工艺配方优化研究 [J]. 农产品加工，2019，(18): 26-28.

[21] Li Qingqing, Liu Shuyi, Obadi Mohammed, et al. The impact of starch degradation induced by pre-gelatinization treatment on the quality of noodles [J]. Food Chemistry, 2020, 302: 1-35.

[22] Ma Yujie, Guo Xudan, Liu Hang, et al. Cooking, textural, sensorial, and antioxidant properties of common and tartary buckwheat noodles [J]. Food Science and Biotechnology, 2013, 22 (1): 153-159.

[23] 李叶贝. 马铃薯小麦复合面条成型机制及干燥特性的研究 [D]. 洛阳：河南科技大学，2019: 21-30.

[24] 李升，王佳佳，叶发银，等. 3种改良剂提升高含量紫薯挂面品质的研究 [J]. 食品与发酵工业，2017，43 (11): 146-152.

[25] Zhang Weidong, Sun Cailing, He Fengli, et al. Textural Characteristics and Sensory Evaluation of Cooked Dry Chinese Noodles Based on Wheat-Sweet Potato Composite Flour [J]. International Journal of Food Properties, 2010, 13 (2): 294-307

[26] 屈展平，任广跃，张迎敏，等. 马铃薯燕麦复合面条热泵-热风联合干燥质热传递规律分析 [J]. 食品科学，2020，41 (05): 57-65.

[27] 贾斌，姚亚静，关文强，等. 青稞粉添加量对面条加工特性的影响 [J]. 食品研究与开发，2019，40 (09): 8-12.

[28] 范会平，李菲菲，符锋，等. 紫薯全粉面条的制备及其品质影响研究 [J]. 现代食品科技，2019，35 (05): 151-158+273.

[29] 薛建娥，蔺楠，岳子燕，等. 响应面法优化菠菜胡萝卜挂面工艺研究 [J]. 食品研究与开发，2020，41 (10): 122-127.

[30] Wang Liwen, Zhao Hui, Brennan Margaret, et al. In vitrogastric digestion antioxidant and cellular radical scavenging activities of wheat-shiitake noodles [J]. Food Chem, 2020, 330: 1-10.

[31] 武亮，刘锐，张波，等. 隧道式挂面烘房干燥介质特征分析 [J]. 农业工程学报，2015，31 (S1): 355-360.

[32] Pronyk C, Cenkowski S, Muir WE. Drying Kinetics of Instant Asian Noodles Processed in Superheated Steam [J]. Drying Technology, 2010, 28 (2): 304-314.

[33] 王岸娜，张天鹏，吴立根. 真空冷冻干燥对面条品质的影响 [J]. 粮油食品科技，2014，22

(03)：72-75+85.

[34] Wang Zhenhua，Zhang Yingquan，Zhang Bo，et al. Analysis on energy consumption of drying process for dried Chinese noodles [J]. Applied Thermal Engineering，2017，110：941-948.

[35] Basman Arzu，Yalcin Seda. Quick-boiling noodle production by using infrared drying [J]. Journal of Food Engineering，2011，106 (3)：245-252.

[36] 杨韦杰，唐道邦，徐玉娟，等. 荔枝热泵干燥特性及干燥数学模型 [J]. 食品科学，2013，34 (11)：104-108.

[37] 徐建国，徐刚，张森旺，等. 热泵-热风分段式联合干燥胡萝卜片研究 [J]. 食品工业科技，2014，35 (12)：230-235.

[38] 孙媛，谢超，何韩炼. 响应面法优化热泵-热风联合干燥小黄鱼 (Pseudosciaena polyactis) 的节能参数 [J]. 海洋与湖沼，2013，44 (05)：1257-1262.

[39] 林羡，邓彩玲，徐玉娟，等. 不同高温热泵干燥条件对龙眼干品质的影响 [J]. 食品科学，2014，35 (04)：30-34.

[40] 徐建国，徐刚，顾震，等. 不同干燥方法对绿茶品质的影响 [J]. 生物化工，2016，2 (04)：4-7.

[41] 秦波，路海霞，陈绍军，等. 不同干燥方法对紫薯品质特性的影响 [J]. 包装与食品机械，2014，32 (01)：6-10.

[42] 季阿敏，孙明明，何丽，等. 热泵热风联合干燥的实验研究 [J]. 哈尔滨商业大学学报（自然科学版），2011，27 (05)：736-740.

[43] 从海花，薛长湖，孙妍，等. 热泵-热风组合干燥方式对干制海参品质的改善 [J]. 农业工程学报，2010，26 (05)：342-346.

[44] 任爱清. 鱿鱼热泵—热风联合干燥及其干制品贮藏研究 [D]. 无锡：江南大学，2009：1-10.

[45] 张绪坤，李华栋，徐刚，等. 脱水蔬菜热泵-热风组合干燥试验 [J]. 农业工程学报，2008，24 (12)：226-229.

[46] 李晖，任广跃，时秋月，等. 怀山药片热泵-热风联合干燥研究 [J]. 食品科技，2014，39 (06)：101-105.

[47] 沈琪，李顺峰，王安建，等. 双孢菇废弃物菇柄热风干燥特性及动力学模型 [J]. 中国食品学报，2015，15 (01)：129-135.

[48] 司金金，辛丹丹，王晓芬，等. 干燥方式对红薯叶粉品质特性的影响 [J]. 西北农林科技大学学报（自然科学版），2018，46 (06)：129-136+154.

[49] 马瑞，张钟元，赵江涛，等. 超声辅助烫漂对黄花菜干制品色泽的影响 [J]. 现代食品科技，2016，32 (10)：233-238.

[50] 宋国胜，胡松青，李琳. 超声波技术在食品科学中的应用与研究 [J]. 现代食品科技，2008，(06)：609-612.

[51] 田伏锦，刘云宏，黄隽妍，等. 马铃薯超声强化冷风干燥及品质特性 [J]. 食品科学，2019，40 (05)：85-94.

[52] 张莉会，廖李，汪超，等. 超声和渗透预处理对干燥草莓片品质及抗氧化活性影响 [J]. 现代食品科技，2018，34 (12)：196-203.

[53] 任广跃，刘军雷，刘文超，等. 香椿芽热泵式冷风干燥模型及干燥品质 [J]. 食品科学，2016，37 (23)：13-19.

[54] 罗归一，宋春芳，李臻峰，等. 基于温度和功率控制的微波干燥研究 [J]. 食品与机械，2018，34 (06)：58-63.

[55] 张乐，李鹏，王赵改，等. 板栗片微波真空干燥的动力学模型及品质分析 [J]. 现代食品科技，2020，36 (04)：235-243.

[56] 屈展平，任广跃，李叶贝，等. 燕麦添加量对马铃薯复合面条品质特性的影响 [J]. 食品与机械，2019，35 (01)：186-192.

[57] Lu Xuefeng，Zhou Yang，Ren Yupeng，et al. Improved sample treatment for the determination of flavonoids and polyphenols in sweet potato leaves by ultra performance convergence chromatography-tandem mass spectrometry [J]. Journal of Pharmaceutical and Biomedical Analysis，2019，169：245-253.

[58] Irwan M，Rosmayati，Hanafiah D S，et al. Analysis of changes in morphological characteristics of leaves and stems in some sweet potato cultivars（*Ipomoea batatas* L.）from Simalungun and Dairi highlands planting in the lowlands [J]. IOP Conference Series：Earth and Environmental Science，2019，260 (1)：012150.

[59] Nurdjanah Siti. Chlorophyll，ascorbic acid and total phenolic contents of sweet potato leaves affected by minimum postharvest handling treatment [J]. IOP Conference Series：Earth and Environmental Science，2018，209 (1)：012025.

[60] 徐雅琴，杜明阳，杨露，等. 超声波处理对黑加仑果实多糖性质与生物活性的影响 [J]. 食品科学，2019，40 (15)：148-153.

[61] 孙畅莹，刘云宏，曾雅，等. 直触式超声强化热风干燥梨片的干燥特性 [J]. 食品与机械，2018，34 (09)：37-42.

[62] 张迎敏，任广跃，段续，等. 红薯叶粉热泵-热风联合干燥工艺优化 [J]. 食品与发酵工业，2021，47 (01)：198-205.

[63] 李叶贝，任广跃，屈展平，等. 燕麦马铃薯复合面条热风干燥特性及其数学模型研究 [J]. 食品与机械，2018，34 (01)：49-53+208.

[64] 哈尔滨商业大学学报（自然科学版）[J]. 哈尔滨商业大学学报（自然科学版），2013，29 (05)：510.

[65] 张迎敏，任广跃，屈展平，等. 超声和烫漂预处理对红薯叶热风干燥的影响 [J]. 食品与机械，2019，35 (12)：194-201.

[66] GB5009. 3-2016，食品安全国家标准食品中水分的测定 [S]. 北京：中国标准出版社，2016.

[67] 程慧，姬长英，张波，等. 香菇热泵 - 真空联合干燥工艺优化 [J]. 华南农业大学学报，2019，40 (01)：125-132.

[68] 蒋鹏飞，王赵改，史冠莹，等. 不同干燥方式的苦瓜粉品质特性及香气成分比较 [J]. 现代食品科技，2020，36 (03)：234-244.

[69] 效碧亮，孙静，刘晓风. 百合热风薄层干燥特性及干燥品质 [J]. 食品与机械，2020，36 (02)：48-55+218.

[70] 宋慧慧，陈芹芹，毕金峰，等. 基于压差闪蒸干燥结合振动磨粉碎制备枸杞粉的性质研究 [J]. 中国食品学报，2019，19 (06)：116-123.

[71] 池春欢，汪云友，陈厚荣. 多指标综合评分法优化辣椒热泵-微波联合干燥工艺 [J]. 食品与发酵工业，2018，44 (06)：172-179.

[72] 靳力为，任广跃，段续，等. 超声波协同作用对真空冻干杏脱水及其品质的影响 [J]. 食品与发酵工业，2020，46 (06)：133-139+147.

[73] 刘军，段月，张喜康，等. 模糊数学评价结合响应面法优化枸杞真空微波干燥工艺 [J]. 食品与发酵工业，2019，45 (15)：127-135.

[74] 钱籽霖，吴琼，张楠，等. 响应面优化葛根全粉真空干燥工艺及加工特性比较 [J]. 食品与发酵工业，2018，44 (07)：225-232.

[75] 王玲，田冰，彭林，等. 热风-微波联合干燥青花椒工艺优化 [J]. 食品与发酵工业，2019，45 (18)：176-182.

[76] Margit Drapal，Genoveva Rossel，Bettina Heider，et al. Metabolic diversity in sweet potato（*Ipomoea batatas*，Lam.）leaves and storage roots [J]. Horticulture research，2019，6 (1)：1-9.

[77] 王秋亚，薛航. 红薯叶有效成分的提取及开发应用研究进展 [J]. 食品工业科技，2018，39 (07)：260-263.

[78] 郭政铭，杨静，周成伟，等. 甘薯茎叶生理功能与其加工利用 [J]. 食品安全质量检测学报，2019，10 (24)：8302-8307.
[79] 李叶贝，任广跃，屈展平，等. 马铃薯小麦复合面条热泵干燥特性及数学模型的研究 [J]. 中国粮油学报，2019，34 (10)：7-15.
[80] 张豫辉. 淀粉对面条品质的影响研究 [D]. 郑州：河南工业大学，2015：21-23.
[81] 范会平，许梦言，马静一，等. 不同品种甘薯生湿面条品质特性及加工适宜性分析 [J]. 食品与发酵工业，2019，45 (24)：111-118.
[82] 张艳荣，郭中，刘通，等. 微细化处理对食用菌五谷面条蒸煮及质构特性的影响 [J]. 食品科学，2017，38 (11)：110-115.
[83] 朱伟. 芹菜在储藏与烹饪过程中营养品质变化及营养素降解动力学模型的研究 [D]. 郑州：河南工业大学，2017：56-62.
[84] 张忆洁，祁岩龙，宋鱼，等. 不同马铃薯品种用于加工面条的适宜性 [J]. 现代食品科技，2020，36 (02)：85-93.
[85] 伍婧，王远亮，李珂，等. 基于主成分分析的不同醒发条件下挂面的特征质构 [J]. 食品科学，2016，37 (21)：119-123.
[86] 陈中爱，刘永翔，陈朝军，等. 彩色马铃薯馒头的制备及质构特性主成分分析 [J]. 食品科技，2016，41 (09)：163-166.
[87] 汤鹏宇. 长江航运中心港口发展的经济适应性评价研究 [D]. 厦门：集美大学，2017：30-36.
[88] 张美霞，谭美龄. 质构法快速测定金银花面条品质的方法研究 [J]. 食品工业科技，2015，36 (10)：112-115.
[89] 汪礼洋，陈洁，吕莹果，等. 主成分分析法在挂面质构品质评价中的应用 [J]. 粮油食品科技，2014，22 (03)：67-71.
[90] 影响生湿面色泽的关键因素 [J]. 粮食加工，2020，45 (02)：55.
[91] 陈艳，周小玲，李娜，等. 干面条色泽影响因素的相关性分析 [J]. 食品与发酵工业，2020，46 (04)：85-91.
[92] 葛珍珍，张圆圆，陈淑慧，等. 谷朊粉对面条质构及微观结构的影响 [J]. 食品科技，2019，44 (09)：160-165.
[93] 乔菊园，郭晓娜，朱科学. 麸皮粒径对全麦面片水分分布及挂面品质的影响 [J]. 中国粮油学报，2020，35 (09)：15-20.
[94] 巩艳菲，代美瑶，李芳，等. 面制品干燥过程中水分迁移机制及影响因素分析 [J]. 中国粮油学报，2020，35 (03)：195-202.
[95] 曾令彬，赵思明，熊善柏，等. 风干白鲢的热风干燥模型及内部水分扩散特性 [J]. 农业工程学报，2008，(07)：280-283.
[96] 张卫鹏，肖红伟，高振江，等. 中短波红外联合气体射流干燥提高茯苓品质 [J]. 农业工程学报，2015，31 (10)：269-276.
[97] Heo Soojung，Lee Seung Mi，Shim Jae-Hoon，et al. Effect of dry- and wet-milled rice flours on the quality attributes of gluten-free dough and noodles [J]. Journal of Food Engineering，2013，116 (1)：213-217.
[98] Ju Haoyu，Zhao Shihao，Mujumdar AS，et al. Energy efficient improvements in hot air drying by controlling relative humidity based on Weibull and Bi-Di models [J]. Food and Bioproducts Processing，2018，111：20-29.
[99] Toğrul Inci Türk，Pehlivan Dursun. Mathematical modelling of solar drying of apricots in thin layers [J]. Journal of Food Engineering，2002，55 (3)：209-216.
[100] Balasubramanian S.，Sharma R.，Gupta R. K.，et al. Validation of drying models and rehydration characteristics of betel (Piper betel L.) leaves [J]. Journal of Food Science and Technology，2011，48 (6)：685-691.

[101] 蓝蔚青，巩涛硕，傅子昕，等．不同植物源提取液对冰藏鲳鱼水分迁移及蛋白质特性的影响［J］．中国食品学报，2019，19（08）：179-188．

[102] 杨洪伟，张丽颖，纪建伟，等．低场核磁共振分析聚乙二醇对萌发期水稻种子水分吸收的影响［J］．农业工程学报，2018，34（17）：276-283．

[103] 李东，谭书明，陈昌勇，等．LF-NMR对稻谷干燥过程中水分状态变化的研究［J］．中国粮油学报，2016，31（07）：1-5．

[104] 魏益民，王振华，于晓磊，等．挂面干燥动力学研究［J］．中国粮油学报，2020，35（03）：14-22．

[105] 李文冬．绿叶菜之王红薯叶［J］．农产品市场周刊，2017，（28）：55．

[106] 徐柯，曾凡坤，袁美，等．红薯叶、紫薯块根及不同时期紫薯叶中主要活性成分含量比较［J］．食品与机械，2018，34（06）：30-34．

[107] 屈展平，任广跃，张迎敏，等．马铃薯淀粉——小麦蛋白共混体系的相互作用及对复合面条性质的影响［J］．食品与机械，2020，36（01）：72-78．

[108] 闫震，聂继云，程杨，等．水果、蔬菜及其制品中叶绿素含量的测定［J］．中国果树，2018，（02）：59-62＋72．

[109] 闫美姣．高含量杂粮面条研制与开发［D］．山西：山西大学，2019：29-35．

[110] 张百霞，郭庆梅，王真真，等．响应曲面法优化金银花总酚酸提取工艺［J］．中成药，2013，35（10）：2144-2148．

[111] 郑佳欣，李怡婧，汪晨阳，等．板栗壳鞣质提取及其对DPPH自由基清除活性的研究［J］．食品工业科技，2016，37（03）：211-215．

[112] 李云龙，李红梅，胡俊君，等．抗氧化苦荞酒加工工艺的研究［J］．酿酒科技，2014，（12）：5-7．

[113] 陈洁，余寒，王远辉，等．面条蒸制过程中水分迁移及糊化特性［J］．食品科学，2018，39（04）：32-36．

[114] 刘心悦，杜先锋．小麦胚芽对馒头水分迁移以及微观结构的影响［J］．中国粮油学报，2018，33（08）：1-6．

[115] 温青玉，张康逸，赵迪，等．不同贮藏条件下菠菜生鲜面的品质分析［J］．现代食品科技，2020，36（06）：105-113．

[116] 忻晓庭，刘大群，郑美瑜，等．热风干燥温度对冰菜干燥动力学、多酚含量及抗氧化活性的影响［J］．中国食品学报，2020，20（11）：148-156．